NOTICE

SUR LE

PÉTRIN-MÉCANIQUE-FRANÇAIS

INVENTÉ PAR M. DE MAUPEOU

Perfectionné

PAR M. LOUIS-VICTOR FRICK

Breveté pour quinze ans (s. g. d. g.)

PRÉCÉDÉE

De quelques considérations sur la

BOULANGERIE OU PANIFICATION PUBLIQUE

ET LA PANIFICATION MÉCANIQUE EN GÉNÉRAL

Au point de vue de la

POPULATION, DE LA SALUBRITÉ PUBLIQUE

ET DE L'AUTORITÉ ADMINISTRATIVE

Suivies d'un

Exposé du Rapport au Conseil d'État, par M. F. Le Play

Conseiller d'État, rapporteur

SUR LES COMMERCES DES BLÉS, DE LA FARINE ET DU PAIN DANS LE DÉPARTEMENT

DE LA SEINE

PAR M. L.-VICTOR FRICK

PRIX : 2 FRANCS

PARIS

TYPOGRAPHIE DE GAITTET

7, RUE GIT-LE-CŒUR, 7

1862

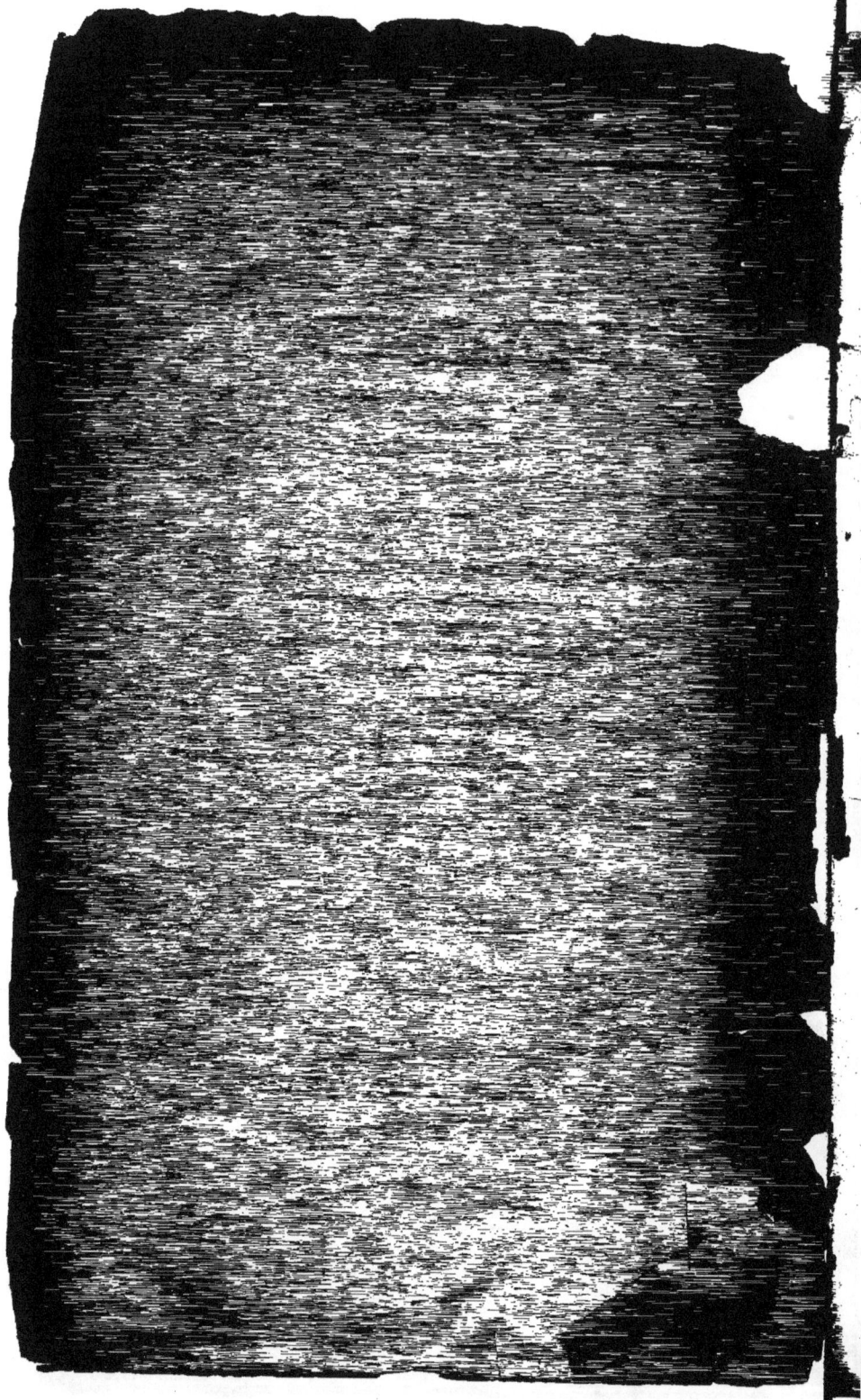

NOTICE

SUR LE

PÉTRIN-MÉCANIQUE-FRANÇAIS

PARIS. — TYPOGRAPHIE GAITTET, RUE GIT-LE-COEUR, 7.

NOTICE

SUR LE

PÉTRIN-MÉCANIQUE-FRANÇAIS

INVENTÉ PAR M. DE MAUPEOU

Perfectionné

PAR M. LOUIS-VICTOR FRICK

Breveté pour quinze ans (s. g. d. g.)

PRÉCÉDÉE

De quelques considérations sur la

BOULANGERIE OU PANIFICATION PUBLIQUE

ET LA PANIFICATION MÉCANIQUE EN GÉNÉRAL

Au point de vue de la

POPULATION, DE LA SALUBRITÉ PUBLIQUE

ET DE L'AUTORITÉ ADMINISTRATIVE

Suivies d'un

Exposé du Rapport au Conseil d'État, par M. F. Le Play

Conseiller d'Etat, rapporteur

SUR LES COMMERCES DES BLÉS, DE LA FARINE ET DU PAIN DANS LE DÉPARTEMENT

DE LA SEINE

PAR M. L.-VICTOR FRICK

PRIX : 2 FRANCS

PARIS

TYPOGRAPHIE DE GAITTET

7, RUE GIT-LE-COEUR, 7

—

1862

AVANT-PROPOS.

M. de Maupeou était petit-fils, par filiation naturelle, du célèbre Chancelier de France, Maupeou, René-Nicolas, qui voulut, par un coup d'État, débarrasser le roi des entraves que le Parlement, alors en hostilité avec l'autorité royale, apportait, sans cesse, aux volontés de Louis XV, par des remontrances et par ses refus d'enregistrer les Edits. On sait que le Parlement fut exilé et remplacé par le Conseil du roi auquel le peuple donna, par dérision, le nom de *Parlement Maupeou.*

M. de Maupeou, possesseur d'une brillante fortune immobilière tant urbaine que rurale, habitait son propre hôtel dans le quartier de la Chaussée d'Antin, rue Saint-Lazare, lorsqu'il fit la connaissance, en 1811, d'un anglais, M. White, inventeur d'un nouveau procédé pour carder et filer la laine, qui lui remit une petite machine modèle de cette nouvelle invention.

C'est à partir de cette époque et de cette circonstance que M. de Maupeou s'est voué aux inventions et à l'industrie ; et, deux années s'étaient à peine écoulées lorsqu'il prit, en son nom, le 29 juillet 1813, un brevet de quinze ans : « Pour plusieurs additions et perfectionnements

« apportés au système de cardage et filature de la laine,
« pour lequel M. White a pris un brevet d'invention. »

M. de Maupéou voulant exploiter sa nouvelle invention, monte à grand frais et sur une grande échelle, une
usine rue de Lourcine, quartier Mouffetard, à Paris,
dans laquelle il fait aussi marcher, de front, une fabrique
de papier commun et une clouterie. Ce fut à cette époque, et pour ses entreprises, qu'il s'attacha un jeune
polytechnicien pour prendre part à la direction de son
industrie. Ce jeune ingénieur installé dans une maison
appartenant à l'établissement qu'il dirigeait, fut bientôt
suivi par deux de ses frères qui y trouvèrent chacun un
appartement; c'est-à-dire, « Léon habitait une jolie petite
maison bourgeoise avec Paulin, malade, et Jules avait sa
chambre dans l'usine. » Telle fut, pour le dire en passant,
la circonstance qui réunit les trois frères chez M. de Maupéou, et, qui étaient destinés à figurer en tête des princes
de la grande industrie française, dans les mines, la mé-
tallurgie, les chemins de fer etc., etc.

Malheureusement M. de Maupéou n'était pas taillé
pour l'industrie, mais il avait bu le calice des inventeurs; et, en moins de quatre ans, son hôtel, ses mai-
sons dans Paris et ses belles fermes de Normandie furent
vendus, et, il fut mis en faillite en 1819.

Obligé de fuir à Saint-Germain-en-Laye, pour éviter
les suites d'une ruine complète, M. de Maupéou, doué
d'une imagination ardente, avait besoin de se livrer à sa
vocation d'inventeur; il passa en Angleterre, en 1821,

où il prit feu pour les nouvelles fabriques de papier sans fin qui avaient déjà atteint un grand développement dans ce pays; et, en 1822, il revint en France, ramenant, avec lui, des familles entières d'ouvriers papetiers, organisa une Société et monta à grands frais une immense papeterie, près Corbeil, où les chiffons dévorèrent près de deux millions de francs à ses associés.

Mais un inventeur ne se décourage jamais. M. de Maupeou qui a visité l'Angleterre a désormais la faculté de trouver des idées pour exercer son génie inventif; il s'occupe, tantôt successivement, tantôt simultanément, de toutes sortes d'inventions; il s'intéresse à une machine à battre les cuirs; il fait des recherches sur la composition d'une plaque fusible pour prévenir l'explosion des chaudières de machines à vapeur; il risque plusieurs fois sa vie en faisant sauter, sous lui, les chaudières pendant ses expériences; il fait aussi des essais pour le nettoyage des blés, il monte à cet effet un appareil à Pontoise, en 1830, un autre à Soissons, en 1831; et, enfin, en 1834, le 4 décembre, M. de Maupeou prend un brevet de quinze ans : « Pour des procédés nouveaux d'épu- « ration et de dessiccation ou concentration, généralement « applicables à toutes substances solides ou liquides, et « particulièrement aux grains. » Cet appareil, très-compliqué, et qui n'occupe pas moins de dix-huit pages in-4° d'explications, a pour objet cinq opérations principales pour le nettoyage des blés et qui consistent en 1° *Triage,* 2° *Lavage,* 3° *Lessivage,* 4° *Séchage,* 5° *Ressuyage.*

M. de Maupeou ayant monté cet appareil à Meaux, en Brie, en 1836, puis à Poitiers, en 1838, ayant, dans cet intervalle de temps, fait un traité avec une Compagnie anglaise qui alla exploiter cette invention à Malte, et voyant son Épurateur en activité manufacturière en France et en Angleterre, pensa que l'application du procédé d'épuration, à Marseille, présenterait un immense développement, et qu'en concentrant cette opération dans le travail à façon, elle n'offrait aucun danger; à cet effet il passa, le 25 novembre 1845, un acte de Société où il était dit que : « il a obtenu pour ce procédé un brevet d'invention et qu'il prendra incessamment un brevet de perfectionnement. » Aux termes de cet acte, ses associés étaient seuls en nom et restaient domiciliés à Paris où était le siége social pour tout ce qui concernait les associés eux-mêmes. Mais, M. de Maupeou, ayant le sentiment de son peu d'aptitude pour l'industrie et le commerce, renferma son rôle personnel dans la surveillance du travail de l'épuration dont il partageait même la direction d'accord avec ses associés, et il stipula que ces derniers : « se chargeront sur leur part d'avoir, à Marseille, « un agent principal, intéressé dans la Société, qui sera « chargé de la direction de l'opération. »

Deux mois plus tard, M. de Maupeou était à Marseille, et, de concert avec ses nouveaux associés ou leur représentant, il louait, à la fin de février, un local convenable pour l'installation de son appareil perfectionné qui commença à fonctionner au mois de juin suivant, et, il prit, le 13 novembre de la même année, 1846, un brevet de perfectionnement pour un « Appareil à épurer les grains. »

Cette nouvelle entreprise paraissait favorisée par les circonstances les plus heureuses : les premiers essais de ce nouvel appareil, destiné à produire l'Épuration, l'Assainissement et la Conservation des céréales, donnèrent des résultats tels que le représentant des directeurs de cette Société écrivait à ses mandants : « nous faisons de « l'avoine qui est améliorée au delà de tout ce que l'on « pouvait espérer. » La disette de cette époque amenant, au port de Marseille, une immense quantité de blé, l'appareil fonctionna presque incessamment, nuit et jour, jusqu'au 28 février 1848, et épurait de 500 à 600 hectolitres de blé par vingt-quatre heures ; son travail fut tel que plus tard, en mai 1854, une Commission scientifique écrivait dans un Rapport fait au Conseil de salubrité de Marseille, sur cet appareil mécanique, et sur l'invitation du préfet, au nom du ministre de l'Agriculture, du Commerce et des Travaux Publics : « M. de Maupeou nous a montré plusieurs cabas de charançons « morts, provenant de diverses épurations de grains opé- « rées par sa machine ; la petitesse bien connue de cet « insecte suffit pour apprécier la quantité énorme qu'il « en faut pour remplir un cabas. »

Malgré ces circonstances favorables, malgré l'excellence de ce nouveau procédé, malgré l'activité presque incessante de cet appareil, durant vingt mois, la Société formée par M. de Maupeou eut un procès sur la reddition de comptes, qui était encore en litige lorsque je fus envoyé à Marseille, le 20 juillet 1853, avec la mission de suivre cette affaire. Telle fut la circonstance qui me procura l'honneur de faire connaissance avec M. de Maupeou, alors âgé de soixante-quinze ans.

M. de Maupeou, après avoir exploité, personnellement, un moulin qui avait fonctionné concurremment avec son Appareil-Épurateur, et étudié la meunerie et la minoterie, s'était fait boulanger au chemin du Rouet, à Marseille. A mon arrivée, en cette ville, je le trouvai faisant les expériences d'un nouveau pétrin-mécanique qu'il avait inventé, et pour lequel il venait de prendre un brevet d'invention depuis une huitaine de jours. L'affaire, objet de ma mission qui dura plus de deux ans, me mettait naturellement en rapport journalier avec M. de Maupeou, avec qui je suis toujours resté en correspondance tant qu'il a vécu, et qui m'honorait, pendant mon séjour, auprès de lui, de son intimité et d'une familiarité extrêmement attrayante, en me racontant tous les détails de sa vie, longue et si diversement agitée, dont j'ai préparé un récit que je me propose de publier.

Les motifs qui avaient décidé M. de Maupeou, devenu boulanger, pour entreprendre le perfectionnement de la panification mécanique, sont faciles à comprendre, et voici comment il me les expliquait lui-même dans une de ses lettres : « J'avais à Marseille, une très-forte boulangerie, et l'horreur de la malpropreté avec laquelle le pain était fabriqué, par des hommes nus... fumant,

« chiquant, bavant dans la pâte, en pétrissant avec des
« mains et des pieds qui n'avaient jamais été lavés, me
« fit concevoir l'idée, comme utilité publique, de confec-
« tionner le pain mécaniquement. Suivant mon habitude
« je pris une connaissance profonde de ce qui avait été
« fait et des nécessités de la panification. Soixante brevets
« avaient été pris, trente français et trente anglais; tous
« avaient échoué n'ayant travaillé que chez leurs auteurs
« et n'ayant fait qu'un pain inférieur à celui des mitrons
« à la main et au pied; j'en cherchai la cause et je re-
« connus que la fabrication manquait et ne faisait que
« des mélanges; par une idée géométrique j'y remédiai,
« et mes pétrins faisaient de plus beau et meilleur pain,
« sous la direction et sans aucune fatigue d'hommes
« connaissant la pâte. »

Il convient de placer, ici, une rectification chronolo-
gique. M. de Maupeou, en qualité de meunier, étant en
rapport avec les boulangers, eut occasion de voir et d'apprécier le travail des mitrons qu'il voulait faire opérer
mécaniquement; et, pour l'étudier plus facilement et à
son aise, il se fit boulanger, moyen, ingénieux mais très-
dispendieux, d'avoir chez lui, et à ses ordres, des ouvriers boulangers : ce ne fut donc pas sa qualité de boulanger qui le fit inventeur d'un pétrin-mécanique; mais,
au contraire, sa qualité d'inventeur d'un pétrin-mécanique qui le fit boulanger.

Au début de sa boulangerie, établie dans un quartier
presque dépourvu, alors, de population. M. de Maupeou,

soumis au règlement qui exige la cuisson journalière d'un certain nombre de fournées, et n'ayant pas de pratiques à servir, voulut vendre son pain un peu au dessous de la taxe pour en avoir le débit et avoir moins de frais. Mais, les boulangers de la ville, l'accusant de vouloir leur faire concurrence, se liguèrent contre lui, et pour leur prouver le contraire il fit distribuer son pain aux pauvres.

Ainsi qu'on peut en juger l'invention de son pétrin mécanique lui coûtait fort cher, et, compromit tellement sa position qu'il fut obligé, pour satisfaire à ses exigences, de prendre son brevet sous le nom d'un tiers avec lequel il était engagé dans le commerce des farines; mais, il était parvenu à fabriquer, mécaniquement, et très-supérieurement, le pain, dit *navette*, marseillais; ce qui n'avait jamais été possible avec tous les autres pétrins-mécaniques.

M. de Maupeou, de nouveau possesseur d'une très-belle invention, était encore incapable d'en tirer avantage pour lui. Il avait imaginé un système grandiose, et dont il ne voulut jamais se départir, qui consistait à ne pas vendre ses pétrins, mais à les louer aux boulangers. Un ancien notaire, en relation avec lui, était parvenu, en 1855, à organiser une Société, composée de plusieurs personnes bien posées à Marseille, pour exploiter son brevet de pétrin-mécanique. Cette Société lui offrait une somme de 500 000 francs payable, en dix ans, à raison de 50 000 francs par an. Mais, l'inventeur quoique presque dans la détresse garda son enthousiasme et refusa cette offre : il me donna pour raison de son refus d'une si belle proposition, qu'il était au bord de la fosse, qu'il ne pouvait pas attendre l'avenir parce qu'il ne voulait pas mourir débiteur et intestat ; et la troisième raison, motif d'inventeur, c'était qu'à cette condition, me dit-il, ses cessionnaires l'auraient payé sur les bénéfices de son invention !...

A cette époque je quittai Marseille. M. de Maupeou presque octogénaire, atteint d'un commencement de cécité déjà très-prononcé, avait rendu son moulin, fermé sa boulangerie et se trouvait dans une position difficile. Malgré cela, doué d'une énergie extraordinaire dans un homme de son âge, il faisait des efforts incessants pour exploiter son Appareil-Épurateur et chercher un perfectionnement à son pétrin-mécanique, pour le rendre parfaitement pratique ; et, dans ce but, il m'avait aussi chargé de voir, à Paris, un mécanicien de sa connaissance qui ne réussit pas dans ses essais.

Cependant, son Appareil-Épurateur était toujours installé à Marseille, mais inactif ; il pensait pouvoir en tirer parti pour les Réserves dont la grande et grave question s'agitait alors ; et, à cette occasion, on voulut mettre cette machine en mouvement sans son concours, mais on ne réussit point. M. de Maupeou n'avait pas livré la clé secrète de cette invention, qui n'est pas expliquée dans le brevet, qui consiste en quelques principes physiques, et, qu'il m'a confiés à la condition de ne m'en servir qu'avec son autorisation ou après sa mort.

M. de Maupeou m'écrivait fort souvent quand il me
savait de retour à Paris pour mes affaires ; ses lettres,
écrites sous sa dictée, avaient une empreinte de plaintes
toujours croissantes sur sa santé et sa position ; et à
mesure qu'il approchait de sa fin, il ajoutait de sa main
tremblante et glacée par l'âge et le malheur : « je meurs
de douleur et de misère ; » mais, j'étais un peu habitué
à ses plaintes quelquefois exagérées, et j'étais loin encore de croire qu'il fût en proie à la misère : il avait avec
lui un vieux domestique, entré à son service depuis
cinquante ans, qui connaissait les anciennes relations de
son maître ; j'avais la conviction que ce pauvre vieillard
serait secouru jusqu'à sa fin qui devait être prochaine,
lorsque j'appris sa mort arrivée le 22 décembre 1860.

Quelques semaines après avoir reçu la nouvelle de la
mort de M. de Maupeou, j'eus occasion de venir dans le
Midi ; à mon arrivée à Marseille j'ai voulu connaître les
circonstances de ce décès et dès que je l'ai pu, je me suis
rendu au cimetière où il a été enterré dans la fosse commune. . . . .
On avait écrit sur une croix de bois, portant le n° 420 :
Maupou au lieu de *Maupeou*, et âgé de 22 *ans* au lieu
de 82 *ans*, portés sur son acte mortuaire ; j'ai eu l'honneur d'en avertir M. le directeur des Pompes Funèbres qui
s'est empressé de donner des ordres pour faire rectifier
ces deux erreurs.

Après avoir pris quelques renseignements sur le sort
du pétrin-mécanique de M. de Maupeou, j'appris que

son brevet était tombé dans le domaine public, faute de payer la taxe annuelle; je profitai de cet abandon pour appliquer au meilleur appareil de pétrissage mécanique que je connusse, les perfectionnements que j'avais conçus depuis longtemps, et, pour lesquels j'ai pris un brevet de 15 ans (s. g. d. g.) sous la dénomination de *Pétrin-Mécanique-Français*, dont je publie aujourd'hui la Notice.

Mais, avant de me livrer définitivement à ma conception sur le perfectionnement des pétrins-mécaniques, j'ai voulu me rendre compte de tout ce qui avait été inventé sur cette matière depuis la première loi de 1791 sur les brevets d'invention; et, pendant que j'étais livré à mes recherches dans les catalogues et les descriptions du ministère de l'Agriculture, du Commerce et de l'Industrie, qui sont déposés aux Archives de la préfecture à Marseille, une coalition, des garçons boulangers de cette ville, vint inquiéter la population, les maîtres boulangers et l'Autorité.

Cette coalition a duré plusieurs semaines; mais, avec des mesures promptes de l'Autorité administrative, si facilement secondées par le secours des chemins de fer, pour l'approvisionnement d'un aliment quotidien aussi important que le pain, elle n'a eu d'autre inconvénient, pour les citadins marseillais, que de faire manger des pains ronds, pendant quelques jours, à ceux qui ne sont flattés que par les pains longs. Cette circonstance m'a déterminé à grouper quelques considérations, qui m'ont paru les plus importantes, parmi les choses nombreuses que j'ai rencontrées dans mes recherches, et qui intéressent l'Autorité administrative, la boulangerie professionnelle et la population, pour les placer en tête de ma notice sur le *Pétrin-Mécanique-Français*.

Cette Notice et les Considérations qui la précèdent étaient prêtes pour l'impression, lorsque le *Sémaphore* de Marseille, du 6 janvier, annonça qu'un exemplaire du Rapport de M. Le Play, conseiller d'Etat, sur les commerces des blés, des farines et du pain, dans le département de la Seine, était envoyé à la Chambre de commerce, de Marseille, pour être communiqué aux négociants intéressés dans cette question.

Quelques jours plus tard, je pus prendre connaissance de ce document que l'on est convenu d'appeler Rapport, mais qui est, dans l'espèce, un ouvrage très-remarquable traitant, à fond, au point de vue législatif et politique, et d'après les sources les plus instructives de la science administrative et de l'histoire, une matière qui intéresse au plus haut degré la population, le Gouvernement et l'économie publique. J'ai saisi cette occasion pour faire suivre mes considérations sur la boulangerie professionnelle ou panification-publique, d'un aperçu du beau travail de M. Le Play en ce qui concerne principalement les questions se référant à la boulangerie parisienne, et, anx grandes manutentions que l'on propose d'établir sur le même plan que la meunerie-boulangerie des hospices de Paris, connue sous le nom d'*usine Scipion*.

VICTOR FRICK.

QUELQUES CONSIDÉRATIONS

BOULANGERIE, OU PANIFICATION PUBLIQUE,
ET LA PANIFICATION MÉCANIQUE, EN GÉNÉRAL,
AU POINT DE VUE
DE LA POPULATION, DE LA SALUBRITÉ PUBLIQUE
ET DE L'AUTORITÉ ADMINISTRATIVE.

I.

Usage du Pain dans l'Antiquité et les temps Modernes.

« L'usage du pain remonte aux temps les plus recu-
« lés ; la Bible en fait mention dès le temps d'Abraham.
« L'emploi du levain était connu du temps de Moïse.
« Les Grecs en rapportaient l'invention au dieu Pan ou
« à Cérès. Le pain ne fut dans l'origine qu'une simple
« galette plate que l'on faisait cuire sous la cendre ou
« sur un gril. Les premiers Romains mangeaient le blé
« soit en grains soit à l'état de bouillie ; ils ne surent
« guère fabriquer le pain qu'à l'époque de la prise de
« Rome par les Gaulois. Depuis bien des siècles, l'usage
« du pain est universellement établi dans les pays ci-
« vilisés. » (BOUILLET, Dict. scientifique au mot *Pain.*)
C'est, en effet, au chap. XIV, de la *Genèse* que l'on
trouve la première mention du pain dans la Bible :

2

« *Melchisédec aussi, roi de Salem, fit apporter du*
« *pain et du vin........* » (§ 18).

Et plus loin, CHAP. XVIII :

« *Et j'apporterai une bouchée de pain pour fortifier*
« *votre cœur, après quoi vous passerez outre ; car c'est*
« *pour cela que vous êtes venus vers votre serviteur, et*
« *ils dirent : Fais ce que tu as dit* (§ 5). *Abraham donc*
« *s'en alla en hâte dans la tente vers Sara, et lui dit :*
« *Hâte-toi, prends trois mesures de fleur de farine, pé-*
« *tris-les, et fais des gâteaux.* » (§ 6).

L'emploi du levain pour faire le pain, au temps de
Moïse, se trouve confirmé dans *l'Exode*, où il ordonne
l'usage du pain azyme :

« *Moïse donc dit au peuple : souvenez-vous de ce jour*
« *auquel vous êtes sortis d'Egypte, de la maison de ser-*
« *vitude ; car l'Éternel vous en a retirés par main forte :*
« *on ne mangera donc point de pain levé* (§ 3. CHAP. XIII.
« LOIS DE LA PAQUE ET DES PAINS SANS LEVAIN). *Durant*
« *sept jours tu mangeras des pains sans levain, et au*
« *septième jour il y aura une fête solennelle à l'Éternel*
« (§ 6. id.). *On mangera durant sept jours des pains sans*
« *levain ; et il ne sera point vu chez toi de pain levé, et*
« *même il ne sera point vu de levain en toutes tes con-*
« *trées.* » (§ 7 id).

Au temps d'Abraham et de Moïse on ne connaissait
que la panification privée :

« *Le peuple donc prit sa pâte avant qu'elle fut levée,*
« *ayant leurs huches à pétrir liées avec leurs vêtements*
« *sur leurs épaules.* (EXODE, CHAP. XII. § 34. DÉPART
« DU PEUPLE HORS D'EGYPTE). *Or parce qu'ils avaient été*
« *chassés d'Egypte, et qu'ils n'avaient pas pu tarder plus*
« *longtemps, et que même ils n'avaient fait aucune pro-*
« *vision, ils cuisirent par gâteaux sans levain la pâte*

« *qu'ils avaient emportée d'Egypte, car ils ne l'avaient*
« *point fait lever.* » (id. § 39).

La boulangerie ou panification publique n'est men-
tionnée que vingt siècles plus tard :

« A Rome il n'y eut pas de boulangerie avant 580
(174 avant J.-C.). Sous Auguste, il y avait des bou-
« langeries publiques tenues par des Grecs; ceux-ci ap-
« prirent leur art à quelques affranchis, et bientôt il se
« forma un corps ou collége de boulangers ayant leurs
« greniers particuliers. Ces usages des Romains passè-
« rent aux Gaulois et aux Francs. Les boulangers
« sont mentionnés dès 630 dans une Ordonnance de
« Dagobert, Ils commençaient à former une corporation
« sous Philippe-Auguste. En 1637, les boulangers se don-
« nèrent des statuts et se soumirent à la juridiction du
« grand panetier. La Saint-Honoré (16 mai) était leur
« fête patronale. » (BOUILLET *id.*, au mot *Boulanger*.)

On voit que la panification publique existait chez les
premiers Romains à l'époque de la prise de Rome par les
Gaulois (564), et, qu'elle fut perfectionnée à Rome par
les Grecs, deux siècles plus tard. Mais l'art des Grecs,
pour faire le pain, ne paraît pas avoir été cultivé avec un
grand succès par les Romains. Les boulangeries qui exis-
taient sous Auguste, jusqu'au règne de Titus, deux cent
cinquante ans plus tard, n'avaient pas beaucoup de rapports avec celles de notre époque. Les voyageurs qui
visitent les ruines de Pompéï, engloutie sous les cendres
de la grande éruption du Vésuve de 832, et retrouvée
en 1755, peuvent avoir une idée de cette différence,
quand le cicerone leur y fait remarquer une boutique de
boulanger de ce temps-là, dans laquelle s'opérait la meunerie au moyen d'un moulin à bras, établi à l'entrée de
la boulangerie. On voit, aussi, que sous Philippe-Au-

guste le nombre des boulangers était assez grand, en France, pour former une corporation.

Quelque temps après il faut taxer le prix du pain vendu par les boulangers :

« Les premiers règlements sur cette matière remontent
« au règne de Saint-Louis; mais, le premier Édit appli-
« cable à tout le royaume, ne date que de 1567 : il était
« dû au chancelier de l'Hôpital. Depuis cette époque on
« changea souvent de méthode pour régler le prix du
« pain. » (BOUILLET, id. au mot *Pain.*)

Depuis longtemps on a établi dans presque tous les pays civilisés l'usage du pain, qui est généralisé en Europe et qui forme, aujourd'hui, la base de la nourriture de la population, en France. Dans les autres parties du monde, son usage est peu connu, beaucoup de nations l'ignorent complétement et remplacent cette base de la nourriture humaine par des légumes farineux tels que : les pommes de terre, le riz, le manioc, etc., etc.

II.

Fabrication du Pain dans les familles en France.

Aujourd'hui, la panification privée, connue depuis les temps bibliques d'Abraham et de Moïse, et restée exclusivement en usage dans l'antiquité jusqu'aux trois ou quatre premiers siècles de Rome, ne se pratique presque plus en France que dans des fermes éloignées des centres populeux et dans quelques localités arriérées, excepté dans le Midi où on la voit encore, surtout en

Provence, mais, avec cette différence que les familles,
qui pétrissent leur pain elles-mêmes, n'ont plus de fours
privés et vont faire cuire leur pain dans le four public du
boulanger.

Cela tient, peut-être, à la répugnance invincible qu'ont
ces familles pour les manipulations dégoûtantes qui ac-
compagnent le pétrissage à bras fait par les garçons boulangers ; et, à plus forte raison quand elles savent ou
croient que le pain du boulanger est fait avec les pieds.
En effet, c'est ce qui se pratique encore ici, comme à
Gênes, Bologne, Milan etc ; et, quoi qu'en disent les plus
zélés négateurs de cette repoussante opération, dont on
est convenu, en boulangerie, de faire un mystère, on peut
reproduire le passage d'une pétition des ouvriers boulangers de Marseille, à S. E. M. le Ministre de l'Intérieur,
après les deux coalitions qui eurent lieu en 1823 et
1827, où il est dit :

« Cette panification se fait d'une manière toute dif-
« férente que dans les autres pays, puisque, au lieu de
« pétrir avec les mains, au lieu d'employer la force des
« bras, les ouvriers pétrissent avec les pieds, et au-
« dessus d'un four ardent et dans un appartement placé
« *ad hoc.* »

Le sieur Imbert, alors syndic, soutint dans une lettre
insérée au *Messager* :

« Que la pénibilité extraordinaire du pétrissage avec
« les pieds est une pure supposition, ce procédé n'étant
« plus pratiqué, et faisant, aujourd'hui, un sujet de
« querelles permanentes entre les maîtres et les ou-
« vriers. »

A quoi François Génard l'un des ouvriers pétitionnaires
répond :

« Comment M. le syndic a–t-il pu sérieusement avancer

« que l'on ne pétrissait plus avec les pieds, tandis que
« dans sa propre boulangerie, comme dans toutes les
« autres, on n'emploie que ce procédé pénible, et que
« dans tous les ateliers l'ouvrier pétrissant est placé
« dans un petit appartement ou plutôt dans une four-
« naise ardente appelée *Gloriette*, située même au-
« dessus du four. » (Broch. in-8 1827, Marseille.)

III.

La Boulangerie est un Art.

Ce n'est pas en vain que Parmentier à élevé la boulangerie à l'état d'un art, la chimie lui est aussi venue en
aide, et, comme le dit M. Dumas dans son *Traité de
chimie appliquée aux arts*, « la théorie de la panification
est maintenant facile à comprendre. » Toutefois, les
boulangers ne sont guère chimistes, et ils n'apprennent
leur métier que par une longue pratique, ce qui ne produit généralement que des routiniers.

A part les nombreuses connaissances que doit possé-
der un bon boulanger, relativement à la qualité des blés
et des farines, sous tant de rapports variés, la fabrica-
cation du pain, de toute nature, se réduit à trois opérations principales ; la *mise en levain*, le *pétrissage* et la
cuisson. La première et la dernière de ces opérations
exigent, de la part du boulanger, de l'intelligence, beaucoup de soins et une certaine pratique des divers usages
où on opère.

Quant au pétrissage de la pâte dont les manipulations

décrites dans l'*Art de la boulangerie* de Parmentier, au
nombre de six, et qui sont plus ou moins pratiquées selon les habitudes locales, il a pour but de compléter les
réactions chimiques, par un mélange plus intime, et de
donner à la pâte la viscocité, la légèreté et l'élasticité
pour qu'elle présente une masse liée et uniforme. Ce but
est atteint plus facilement, plus régulièrement et plus
sûrement au moyen d'une force mécanique appropriée
qu'avec l'emploi des bras ou des pieds.

IV.

Comment on fabrique le Pain en Boulangerie.

Les six manipulations décrites dans le livre de Parmentier sont connues sous la dénomination de : *Délayure,
frase, contre-frase, bassinage, tours* et *battements.*

La *délayure* est le résultat du levain délayé avec une
partie de l'eau destinée au pétrissage de la farine.

La *frase* est le résultat de la délayure délayée avec la
farine pour compléter la fournée.

Après la *frase* vient la *contre-frase* qui consiste à bien
ratisser le pétrin, afin de tout rassembler et de ne former
qn'une seule masse de la pâte, pour lui faire subir les
trois autres opérations : *tours-à-pâte, bassinage* et *battements,* qui sont les plus pénibles et que la Société d'Encouragement pour l'Industrie Nationale désirait faire
opérer mécaniquement, en proposant, en 1810, un prix
ainsi qu'on le verra plus loin.

C'est à partir de la *frase,* que le travail du pétrissage

de la pâte se fait avec accompagnement d'une espèce de gémissement, que tout le monde connaît, et qui fait donner à l'ouvrier boulanger le nom qualificatif de *geindre*.

Cette partie, la plus importante et la plus fatigante du pétrissage, doit se faire, par le *geindre,* sous une température de 20° à 25° centigrades, au moins, afin de faciliter l'action du levain comme ferment; et pour cette raison, elle s'opère dans des petits appartements appelés *fournils* ou *gloriettes*, placés dans le voisinage du four ou dans des caveaux.

La fermentation panaire, et la fermentation alcoolique sont un seul et même phénomène qui a pour résultat, dans la pâte, de convertir les principes sucrés en alcool d'abord, puis en acide carbonique, et, il commence son action en même temps que le pétrissage.

Qu'on se figure ce qui se passe alors : le *geindre* placé dans un milieu à température élevée, où le cube d'air est très-restreint, soumis à des efforts musculaires dont l'intensité augmente à mesure que la pâte devient plus épaisse et plus visqueuse, et, en même temps que la fermentation se développe de plus en plus ; on comprendra qu'il se trouve dans une atmosphère, saturée d'acide carbonique, dont il absorbe une quantité d'autant plus grande que ses respirations sont plus fortes et plus précipitées ; on comprendra, surtout, que la profession de garçon boulanger épuise les forces de ceux qui l'exercent, quoique se soient généralement des hommes très-robustes ; mais qui sont forcés de la quitter vers l'âge de quarante ans, à cause des altérations produites dans leurs organes respiratoires : ce qui leur donne un teint blafard, annonçant une santé équivoque qui ne se soutient que par les fortes transpirations résultant de

leur travail, et par une alimentation abondante et répa-
ratrice.

V.

La Boulangerie en France.

En France, la panification publique avait déjà une
grande importance à la fin du siècle dernier ; aussi,
voit-on dans le droit intermédiaire soumettre, en 1791,
les boulangers à la patente. Plus tard, en 1793, c'est un
service d'utilité, public et gouvermental qu'il faut pro-
téger ; et pour cela :

On dispense des enrôlements les garçons boulangers
Paris ;

On règle le prix auquel les farines seront fournies aux
boulangers ;

Les boulangers employés au service de l'Armée sont
dispensés du concours pour les levées.

Les boulangers des armées sont exemptés du recru-
tement.

Les boulangers de la Marine, jouissant d'un supplément de solde, on accorde aussi un supplément à ceux
des subsistances militaires.

Mais cette protection ne tarde pas à avoir besoin
d'être modérée ; à cet effet :

On accorde aux municipalités, dans lesquelles seraient
établis des greniers d'abondance, la faculté de mettre les
boulangers en réquisition pour l'activité des fours publics ;

Les boulangers de Paris ne peuvent faire exposer, en vente, qu'une sorte de pain ;

On prononce des peines contre les boulangers qui détourneraient ou dénatureraient quelques parties des denrées acquises pour le compte de l'Etat ; enfin,

On accorde des priviléges, aux facteurs de la Halle, sur le dépôt de garantie des boulangers.

La boulangerie se généralisant et prenant un grand essor, 1801 produit un arrêté sur l'exercice de la boulangerie à Paris ; en 1810 commencent à paraître les règlements sur l'exercice de la profession de boulanger dans les villes de province ; en 1814, vingt-cinq villes ont leur règlement sur la boulangerie ; en 1823, les règlements ont continué pour près de cent cinquante communes ; de 1823 à 1833, pour une vingtaine de communes, parmi lesquels se trouvent des changements, de nouveaux règlements etc., et, depuis longtemps, toute commune de quelque importance a son Règlement sur l'exercice de la profession de boulanger.

Les principes fondamentaux de ces règlements sont, en général :

Que nul ne puisse exercer la profession de boulanger sans une permission du Maire ;

Qu'il justifie avoir fait son apprentissage et connaître les bons procédés de l'Art ;

Qu'il se soumette formellement à avoir constamment en réserve, dans son magasin, un approvisionnement en farine de première qualité ;

Que les boulangers procèdent, en présence du Maire, à la formation d'un syndicat.

Que le Syndic et les adjoints procèdent, également, au classement des boulangers selon la quotité de l'approvisionnement de réserve ;

Qu'ils règlent, sous l'autorité du Maire, le minimum du nombre des fournées que chaque boulanger sera tenu de faire journellement etc. etc.

Des peines plus ou moins sévères sont déterminées contre ceux qui enfreignent ces dispositions.

VI.

Fabrication du Pain à la Mécanique.

La panification mécanique était réclamée, par la boulangerie, en même temps que celle-ci avait été portée à l'état d'art par le célèbre Parmentier, dans son *Traité sur l'Art de la Boulangerie*. en 1778 ; et, quoique plusieurs tentatives de ce genre aient été faites en Italie et en Espagne, ce ne fut qu'en 1810, qu'on fit, en France, les premiers essais de pétrissage mécanique de la pâte pour faire le pain.

A cette époque, la Société d'Encouragement pour l'Industrie Nationale proposa un prix de 1500 francs : *Pour une machine ou des machines qui, prenant la pâte après qu'elle est frasée l'amènent, avec les soins des ouvriers pétrisseurs, mais sans efforts pénibles de leur part, à l'état le plus parfait de pâte ferme, batarde ou molle à volonté.*

J. B. Lambert, boulanger de Paris, présenta au concours la machine qu'il avait inventée, et les expériences qui furent tentées par la Commission de la Société d'Encouragement, et postérieurement par la Société d'Agriculture de Lyon, la Société d'Émulation de Rouen, la

Commission des Secours Publics d'Amiens, etc., etc., furent si satisfaisantes, que le prix lui fut décerné en 1811.

A partir de cette époque, l'utilité des pétrins-mécaniques a été généralement reconnue quoique leur introduction, dans la pratique, rencontre de nombreux obstacles et ne soit pas encore très étendue ; et, on a vu les efforts d'un grand nombre d'hommes ingénieux, pour mettre la Boulangerie au rang des arts industriels qui ont fait des pas de géants dans leurs procédés mécaniques et scientifiques ; ainsi, pour la panification mécanique, seulement, sans compter les systèmes, procédés, compositions, moyens nouveaux de panification et les nombreux fours plus ou moins ingénieux et économiques pour la cuisson du pain, on ne voit pas figurer moins de cent brevets d'invention aux Archives du ministère de l'Agriculture et du Commerce, accordés à des boulangers, des médecins, des pharmaciens, des chimistes, des ingénieurs, des banquiers, des négociants, des artistes et des gens du monde en général.

VII.

Ce qu'était déjà, en 1830, la Fabrication Mécanique du Pain, en France.

Le pétrissage mécanique a cherché, mais n'a pas encore réussi, à marcher de pair avec la panification publique qui, depuis cinquante ans, tend à remplacer complétement la panification privée.

On peut affirmer, toutefois, que les moyens de pétrissage-mécanique de la pâte, inventés déjà en 1830, permettaient d'obtenir un pain relativement bon en les employant; il suffisait, pour cela, que l'instrument fût employé par un boulanger qui connût son Art; en effet, le pétrin-mécanique le plus défectueux peut produire un mélange suffisant de la farine avec l'eau et le levain; l'homme de l'art y supplée par une bonne direction de la préparation des levains, de la fermentation et de l'apprêt de la pâte suivant sa nature.

En 1830, il s'éleva, à Paris, une discussion fort vive entre les boulangers de la capitale et les auteurs de pétrins-mécaniques, sur les plus grands rendements auxquels prétendaient les uns et les autres; en 1832, le Conseil de Salubrité fit des expériences sur des farines de 1830, dans lesquelles le rendement des pétrins-mécaniques fut moindre de ce qui est admis, en principe, par l'administration municipale de la Ville de Paris [1]; et, enfin, en 1833, une Commission du conseil de salubrité entreprit, sur l'invitation de l'Administration, des expériences comparatives sur les divers modes de pétrissages,

Les séries d'expériences, conduites par M. Gaultier de Claubry, eurent pour but de déterminer ces avantages comparatifs du pétrissage à bras et par machines.

Deux pétrins-mécaniques, de chacun un genre d'une très-grande différence, expérimentèrent. Avec ces deux appareils, la qualité et la nature du pain obtenu furent les mêmes et on reconnut :

---

1. L'Administration municipale de la ville de Paris admet, en principe, que 100 kilogrammes de farine doivent rendre 130 kilogrammes de pain blanc : c'est d'après cette base que le prix du pain varie tous les 15 jours, suivant le prix moyen de la farine à la halle au blé, dont le tarif est fixé et publié par le Préfet de police.

« Que la quàntité d'air renfermé dans un poids de
pâte fabriquée au pétrin-mécanique ou à bras était le
même ;

« Que contrairement à l'opinion reçue, pendant cette
opération non-seulement il n'y avait pas d'air absorbé,
mais, qu'il y avait dégagement d'acide carbonique ;

« Que l'emploi du pétrin à cylindre, lui-même, dont
le contact doit le plus refroidir la pâte, n'abaissait pas la
température sensiblement plus que le pétrissage à bras ;
et enfin,

« Que quant au rendement : avec certains pétrins-
mécaniques il est le même ; avec d'autres il est d'un
vingtième moins considérable.

VIII.

Aujourd'hui, en France, les Pétrins-mécaniques pourraient être
employés exclusivement par les boulangers.

Depuis les expériences conduites par M. Gaultier de
Claubry, les efforts des inventeurs se sont ranimés ; un
grand nombre de brevets d'invention pour des perfectionnements et des nouvelles machines ont été accordés,
plusieurs pétrins-mécaniques ont reçu des applications
spéciales dans quelques établissements de Paris ou des
principales villes de France ; des Sociétés se sont for-
mées pour les exploiter ; et, aujourd'hui, on pourrait
facilement généraliser le pétrissage de la panification publique au moyen des machines.

La mesure qui imposerait, à la boulangerie, l'obligation de faire opérer le pétrissage de la pâte avec des pétrins-mécaniques, en effaçant le tableau dégoûtant des préparations, suivant l'ancien mode, de l'aliment de première nécessité pour toutes les classes de la société, aurait incontestablement le mérite de mettre l'Autorité administrative, les Maîtres-boulangers et la Population à l'abri des coalitions des garçons boulangers.

Parmi les autres avantages nombreux qui résulteraient d'une telle mesure, il suffit de citer ceux qui s'appliqueraient à la salubrité et à la santé des ouvriers eux-mêmes ; à la fabrication du pain sur une grande échelle comme pour les hôpitaux, les prisons, les armées, les marins, etc. ; et, enfin, à des expériences concluantes sur les meilleurs procédés de panification dont une cinquantaine sont brevetés, et qui seraient susceptibles d'améliorer un Art qui nous intéresse tous ; mais, qui reste stationnaire par la résistance de ceux qui sont attachés au maintien de cet état de choses, et qui s'appuient, principalement, sur ce que le Gouvernement serait contraire à l'emploi des pétrins-mécaniques ; parce qu'il ne les met pas en usage dans les manutentions militaires, et les Boulangeries de l'administration publique.

IX.

Mesures à introduire dans l'Organisation de la Boulangerie, en France.

A la suite de ces considérations, je me hasarderai à citer quelques mesures qui me sembleraient être d'une grande utilité, et, bonnes à introduire dans une nouvelle organisation de la Boulangerie en France.

Ces mesures seraient de :

1° Créer une École de la boulangerie à l'instar de celle qui fut créée par le gouvernement sur la proposition du célèbre Parmentier, faire entrer dans le programme des apprentissages de cet Art, la théorie de la panification, soumettre à un examen tout maître boulanger avant de pouvoir exercer sa profession, et, lui délivrer un Titre constatant son aptitude en cette qualité;

2° Interdire, dans la panification du boulanger, le pétrissage avec les bras ou avec les pieds, et rendre le pétrissage mécanique obligatoire, en laissant le maître boulanger libre de prendre l'espèce et le genre de pétrin-mécanique qui lui convient le mieux, selon la nature du pain qu'il doit fournir;

3° Faire entrer, dans le Conseil syndical de la Boulangerie, quelques membres du Conseil municipal et un ou deux agens de l'Autorité administrative;

4° Organiser une Inspection Spéciale du gouvernement pour la Boulangerie et la Meunerie ayant pour objet principal de surveiller les fournitures des farines faites aux boulangers souvent incompétents pour reconnaître les nombreuses sophistications de cette denrée et d'assurer la fabrication du pain selon les prescriptions de l'hygiène et de la salubrité publique établies par l'Autorité, et enfin ;

5° Déterminer, pour les principales provinces, une espèce de première et deuxième qualités pour le pain légal soumis à la taxe et vendu au poids.

X.

Avantages de telles Mesures.

I. L'École de la Boulangerie, sous la surveillance du gouvernement, ne me semblerait pas déplacée dans le cadre des Écoles où doivent se former les spécialités destinées à un service public, et dont les aptitudes sont constatées par des diplômes.

II. L'interdiction du pétrissage avec les bras ou les pieds, travail véritablement homicide, anéantirait tous les sujets de discorde entre les maîtres et les ouvriers boulangers, assainirait une profession publique de premier ordre, assimilerait l'état de boulanger à tous les corps d'état où le patron peut avoir un contre-maître dans son atelier, et, en laissant au maître-boulanger la faculté de choisir un système d'instrument de pétrissage, on ne porterait aucune atteinte à sa liberté, et on laisserait aux inspirations des chercheurs, le champ libre pour exercer leur invention vers les perfectionnements.

III. L'introduction, dans le conseil syndical de la boulangerie, de quelques conseillers municipaux, représentant la Population, et d'agens de l'Autorité administrative, donnerait satisfaction et garantie aux trois éléments intéressés, et qui seraient ainsi représentés dans un service public de première nécessité.

IV. La surveillance du gouvernement, au moyen d'inspecteurs honorables, intelligents, et instruits pour leurs fonctions, s'exerçant pour assurer la bonne composition, la bonne fabrication et la bonne cuisson du pain quotidien, de tous ses administrés, serait un bienfait inouï.

V. La détermination de l'espèce du pain légalement taxé aurait aussi ses avantages, tant pour les boulangers que pour les consommateurs. Ainsi pour ne citer qu'un exemple que j'ai sous les yeux, celui du petit pain long marseillais, qui est un pain léger fait avec de la pâte ferme, au moyen d'un pétrissage excessivement pénible et qui ne peut se bien opérer qu'avec les pieds. Ce pain n'a guère de rapport avec celui que les boulangers de Paris nomment *pain de pâte ferme*, et qu'ils regardent comme plus nourrissant que le pain ordinaire, mais, la seule différence qui existe entre ces deux derniers, c'est que l'eau entre dans celui-ci en moins grande quantité que dans celui-là ; car, du reste, ils sont faits avec les mêmes levains et pétris de la même manière, tandis que le pain long marseillais, en question, nécessite un travail tout autre que le pain rond de cette localité ; et, pour cette raison, devrait, ce me semble, être vendu comme pain de luxe, de même qu'à Paris on le fait pour tous les pains de fantaisie qui ne sont point soumis à la taxe réglementaire, parmi lesquels sont compris les pains de un kilogramme ou d'un poids inférieur, et les pains de deux kilogrammes dont la longueur dépasse soixante-dix centimètres ; en Alsace, pour les fameux petits pains de gruau *sou laib* (miche d'un sou), et *groeschel laib* (miche de deux sous), etc., etc.

Telles sont les considérations que j'ai cru pouvoir placer au commencement d'une Notice sur le *Pétrin-Mécanique-Français*. On les trouvera peut être bien longues, et, cependant, je n'ai fait qu'effleurer un sujet digne d'une étude approfondie et qui mériterait d'être faite

par des hommes bien autrement capables que moi. Si je
n'ai pas été assez heureux pour intéresser, un seul in-
stant, mon lecteur, j'aime à croire, du moins, qu'il
voudra bien me pardonner de l'avoir espéré, ne fût-ce
que pour lui signaler l'opportunité d'une question très-
importante, celle de la Boulangerie, dont il paraît qu'une
nouvelle organisation est projetée en ce moment; et,
pour laquelle des recherches très-savantes ont été faites,
depuis trois ans, par M. Le Play, conseiller d'Etat, dont
on vient de publier un Rapport extrêmement intéressant
et dont j'ai cru devoir présenter, ci-après, le résumé.

V. F.

RAPPORT

Aux Sections réunies du Commerce
et de l'Intérieur du Conseil d'État,
sur les commerces du blé, de la farine et du pain,
par M. F. Le Play,
conseiller d'État, rapporteur.

Le Rapport de M. Le Play a pour antécédent un premier Rapport qui avait pour origine diverses questions
concernant la boulangerie parisienne, soumises au Conseil d'État le 18 février 1857, par M. le ministre de
l'Agriculture, du Commerce et de l'Industrie, sur l'ini-
tiative du Conseil municipal de Paris et de M. le préfet
de la Seine ; et, il a pour fondements : 1° une Enquête,
sur la boulangerie du département de la Seine, dans laquelle sont recueillies les dépositions de quatre-vingt-
onze personnes, 2° un ensemble de documents anciens
et modernes, mis en ordre, et 3° une multitude de faits
observés dans diverses contrées de l'Europe, depuis trois
ans, par M. Le Play.

La principale question était de savoir s'il y a lieu de
substituer aux petits ateliers existants, dans Paris, un
nombre restreint de grandes usines nouvelles, réunissant
la mouture du blé à la panification de la farine, et qui
seraient établies à l'instar de la meunerie-boulangerie des

hospices, connue sous le nom d'*usine Scipion*. Cette question fut posée aux Sections réunies du Commerce et de l'Intérieur qui ont entendu le premier Rapport de M. Le Play, sur cette affaire, le 22 juin 1858 dans une séance présidée par M. le Président du Conseil-d'Etat, et à laquelle assistaient M. le Ministre du Commerce, M. le Préfet de la Seine et M. le Préfet de police.

La discussion des Sections réunies s'étant étendue au delà des questions posées, elle a mis en présence deux opinions contraires ; l'une contre et l'autre pour les grands ateliers ; et, elle a eu pour résultat la décision qu'il y a d'entreprendre une enquête sur les principales questions que soulèvent les commerces du blé, de la farine et du pain. En conséquence, et conformément à l'avis des Sections réunies, M. le Président du Conseil a confié le soin de cette enquête à une Commission, par un Arrêté en date du 14 janvier 1859.

Cette Commission, présidée par M. Boinvilliers, Président de la Section de l'Intérieur, était composée de MM. Villemain, Flandin, Godelle, Michel Chevalier, Heurtier, Cornudet, Lestiboudois et Le Play, conseillers d'Etat ; et de MM. Loyer, Leblanc et Ed. Boinvilliers, Maîtres des Requêtes. Après avoir constaté que l'organisation de la boulangerie parisienne, tout entière, se trouvait mise en question par la proposition émanant de l'Administration municipale de Paris, la Commission a reconnu que dès lors, l'enquête ne devait négliger aucun des détails se rattachant aux commerces du blé, de la farine et du pain ; en conséquence, et sur sa proposition, M. le Président du Conseil d'Etat a arrêté que le programme de l'enquête comprendrait douze questions, dont deux sur le commerce des grains en général, trois

sur la meunerie du bassin de Paris, six sur la boulangerie parisienne et diverses questions spéciales sur les grandes manutentions.

I.

C'est seulement à la partie du Rapport de M. Le Play, se référant aux questions sur la boulangerie et sur les grandes manutentions proposées, que se rattache principalement le présent examen.

I. L'Enquête sur la boulangerie du département de la Seine, confiée, le 14 janvier 1859, aux soins de la Commission présidée par M. Boinvilliers, a été ouverte le 18 juin suivant et a occupé dix-neuf séances ; on a rassemblé les dépositions concernant les commerces du blé, de la farine et du pain, faites par des personnes qui ont été pour la plupart, désignées, directement, par M. le Ministre de l'Agriculture, ou admises sur la présentation de MM. les Préfets des départements où il existe de grands centres de population. Ces dépositions ont été recuillies par la sténographie et revues par les déposants et M. Le Play qui les a, ensuite, coordonnées et complétées par une table alphabétique et analytique des matières.

II. Les documents annexés au Rapport de M. Le Play, comprenant les Actes de l'autorité qui régissent les commerces du blé, de la farine et du pain, sont divisés en deux périodes. Dans la première période, *État ancien en France*, qui s'étend jusqu'en 1823, on voit, sur l'ancien ordre de choses, avant 1789 : les Capitulaires des rois

de France, les Statuts de Saint-Louis, des notes histo-
riques et les Lettres-Patentes du roi ; après 1789, viennent les Déclarations du roi, les Arrêtés, les Décrets,
dont un, pendant la Terreur, punissant de mort les ac-
capareurs, les Rapports, Correspondances et Ordon-
nances de police, les Proclamations, etc., etc.; et, à partir
de 1801, paraissent : l'Arrêté du Gouvernement consulaire du 11 octobre, portant réglement pour la boulangerie parisienne, l'Ordonnance de police du 3 février 1802,
concernant la vente du pain sur les marchés, la Délibé-
ration du Syndicat de la boulangerie du 25 septembre
1807, prescrivant la réduction du nombre des ateliers
de Paris, et l'Ordonnance de police, du 24 juin 1823,
concernant la taxe périodique du pain à Paris.

Dans la seconde période, *État présent en France*, sont
compris : le Décret impérial, du 27 décembre 1853,
instituant la Caisse de la boulangerie du département de
la Seine, le Décret impérial du 1er novembre 1854, portant réglement pour la boulangerie du même département,
la Circulaire, du 1er avril 1856, des syndics de la boulangerie, concernant la fabrication, à Paris, d'un *pain
réglementaire*, l'Ordonnance de police, du 20 mai 1858,
prohibant l'importation et l'exportation du pain, dans le
département de la Seine, le Décret impérial, du 16 novembre 1858, prescrivant l'établissement de réserves de
farine pour 161 villes de l'Empire, et, de faits nombreux
recueillis sur la fabrication du pain à Paris, se rattachant à tous les détails de la boulangerie parisienne.

Une autre partie de ces documents s'appliquant à
l'*État présent dans quelques pays étrangers*, établit
des comparaisons entre Paris, Londres et Bruxelles, sur
la boulangerie, le prix du pain, la situation sociale des
boulangers, la fabrication du pain dans les familles, et

présente l'organisation de la Caisse de prévoyance, pour remédier aux cas de cherté du pain, établie à La Haye, où elle fonctionne depuis 1828.

III. Enfin, sous le titre de *Documents généraux*, on trouve des renseignements précis sur le commerce du blé en Europe ; le mouvement commercial de cette denrée entre la France et les pays étrangers ; son commerce et sa production dans la Russie méridionale ; la difficulté qu'éprouvent les peuples civilisés dans la production des céréales selon leurs besoins ; la mouture à bras conservée chez les peuples peu avancés en civilivation ; les frais comparés des réserves de grains et de farine ; les livraisons de blé faites à prix réduit aux classes ouvrières ; les secours distribués sur le budget de l'Etat et de la ville, en temps de disette, depuis soixante ans, aux indigents et à l'ensemble de la population parisienne ; le principe des corporations fermées, subsistant encore en Europe pour l'exercice de certains métiers ; et, les tendances qui se manifestent, aujourd'hui, dans la Grande-Bretagne, en faveur du régime réglementaire.

Comme on peut le voir, le Rapport de M. le Play est fondé sur des faits nombreux et incontestables résultant des informations exactes faites dans une enquête sérieuse ; sur ceux recueillis, avec un soin scrupuleux, aux sources de l'histoire et de la science administrative ; et sur ceux observés, pratiquement, dans diverses contrées de l'Europe : il est impossible d'en faire un choix plus judicieux, de les classer avec plus de méthode, et de les exposer plus clairement dans un travail aussi compliqué et sur un sujet aussi difficile.

Après avoir expliqué, dans un chapitre d'introduction, l'origine des questions posées et indiqué les réunions, les discussions et les conclusions des Sections du Com-

merce et de l'Intérieur, l'ouverture de l'enquête, conformément à leur avis, et la mission spéciale dont il a été
chargé, ayant pour objet de comparer les boulangeries de
Paris, de Londres et de Bruxelles, M. Le Play trace
le plan de son Rapport de la manière suivante :

« Le plan de ce second rapport doit être subordonné
« à la vérification des deux points de fait qui dominent
« toute la question. Je commencerai donc par une ap-
« préciation sommaire de la boulangerie parisienne, fon-
« dée sur la comparaison du prix de fabrication de ses
« petits ateliers, d'une part, avec ceux de Londres et de
« Bruxelles ; de l'autre, avec celui de l'usine Scipion ; je
« prouverai ainsi qu'on ne peut justifier ni la réglemen-
« tation établie, ni l'aggravation considérable qu'on pro-
« pose d'y apporter. Amené à ce point de vue par des
« faits qui ne peuvent être contestés et dont la vérifica-
« tion, du moins, est désormais facile, j'indiquerai
« comment s'est créé peu à peu, dans la boulangerie pa-
« risienne, un ordre de choses qui contraste d'une
« manière si étrange avec l'ensemble de notre régime
« économique, et qu'on ne retrouve d'ailleurs, aujour-
« d'hui, chez aucun autre peuple. Je discuterai ensuite
« les principales questions que soulève l'organisation
« actuelle des commerces du blé, de la farine et du pain,
« puis le principe des réformes qu'il semble opportun
« d'y introduire. Je conclurai enfin en cherchant com-
« ment ces réformes pourraient être progressivement
« opérées. »

II.

La taxe officielle, fixée à Paris, d'après le prix des farines de première qualité, porte sur la sorte de pain consommé par la masse de la population et que M. Le Play propose de nommer *pain usuel*, et, pour établir les différences qu'il doit apprécier, il admet quatre sortes de pain : le *pain de ménage*, le *pain usuel*, le *pain de choix* et le *pain extra*, dont on trouve des analogies à Londres et à Bruxelles. L'appréciation économique de la boulangerie de Paris, comparée à celles de Londres et de Bruxelles, prouve que le pain est plus cher, n'est pas meilleur, et la boulangerie est moins prospère à Paris qu'à Londres et à Bruxelles ; et que l'usine Scipion, type actuel des boulangeries-meuneries que l'on propose de substituer aux petits ateliers ordinaires produit plus chèrement que ces derniers ; d'où il résulte que : « La boulange- « rie parisienne, en résumé, ne mérite point l'éloge qu'on « en a fait pendant longtemps pour créer le régime ré- « glementaire qui existe aujourd'hui ; elle mérite moins « encore le blâme qu'on lui adresse maintenant pour « motiver une nouvelle aggravation de ce régime. »

III.

Après s'être demandé pourquoi le régime réglementaire de la boulangerie se développe sans cesse, depuis

soixante ans, malgré tant de vices manifestes, M. Le Play
en donne un aperçu historique où il montre que notre
erreur actuelle est principalement due à une fausse notion
du passé où la fabrication du pain usuel a toujours été
une industrie libre ; que la réglementation de la boulangerie au xviiie siècle, en ce qui concerne la taxe du pain,
qui ne portait que sur le pain de luxe, était le contre-
pied de celle qui règne aujourd'hui ; qu'après l'abolition
des corporations d'arts et métiers, le régime réglementaire passa successivement d'une simplification partielle
à une aggravation ; qu'il prit, sous la Terreur, la dénomination de *système* du *maximum* ; qu'il fut aboli graduellement après la disette de 1791-1795 ; rétabli sous
le Consulat ; aggravé incessamment sous les gouverne-
ments postérieurs ; et, enfin, M. Le Play fait connaître
les causes des développements, sans exemple, qui lui
sont donnés de notre temps.

Le régime réglementaire combattu par M. Le Play,
fut rétabli par l'Arrêté du gouvernement consulaire, le
11 octobre 1801 ; depuis cette époque il s'est développé
par les Actes de l'autorité en produisant : 1° l'abolition
du pain de ménage, 2° la taxe du pain, 3° la limitation
du nombre des boulangers, 4° les réserves de farine qui
leur sont imposées, 5° la compensation du prix du pain
en temps de disette et d'abondance avec la Caisse de la
boulangerie pour l'effectuer, 6° la vente de la farine par
marchés à *cuisson*, 7° les mutations fréquentes du personnel des boulangers qui demandent, maintenant, une
allocation au tarif de 1830, 8° et, enfin, la défense faite
au consommateur de franchir la limite invisible qui sépare le département de la Seine de celui de Seine-et-
Oise, en portant, avec soi, du pain pour son usage
personnel !

IV.

En discutant, au point de vue des faits et des principes, les complications de ce régime qui a pour résultat
de faire payer au consommateur parisien trois centimes
par kilogramme, en moyenne, plus cher qu'au consommateur de Londres et à celui de Bruxelles, M. Le Play
explique, sans rien omettre d'essentiel :

I. Comment la réglementation de la boulangerie a
détruit la fabrication du pain de ménage qu'il serait
bien difficile de rétablir à l'aide de règlements nouveaux
ainsi que le Gouvernement l'avait recommandé en 1856;

II. Comment la taxe du pain, qui n'est pas un moyen
d'en assurer le bon marché au public, tient à un principe qui fit établir, sous la Terreur, le régime du maximum, régime qui soumettait à la taxe une centaine de
marchandises réputées de première nécessité;

III. Comment le principe de la limitation, en consti-
tuant un privilége, donne aux fonds de boulangers une
valeur fictive qui pèse sur le consommateur, qui a pour
conséquence forcée l'infériorité de situation faite aux
boulangers parisiens comparés à ceux de Londres, qui
entrave, à Paris, l'élévation des ouvriers d'élite et dont
le principal inconvénient se trouve dans la réduction,
même, du nombre des boulangers;

IV. Comment les réserves de farines imposées à la
boulangerie parisienne, en 1801, développées en 1854,
et étendues, en 1858, à 161 villes de l'Empire, augmen-

tent le prix de fabrication du pain, et n'ont d'analogie avec aucune organisation de ce genre, prescrite formellement par l'Autorité, en Europe, excepté dans certaines communes rurales de la Russie;

V. Comment le système de la compensation des prix du pain et la Caisse de la boulangerie qui en est la conséquence, est inefficace au point de vue économique, et dont la complication et la cherté qui en résulte, pour les consommateurs de la Seine, contrastent singulièrement avec la simplicité et l'économie du système hollandais;

VI. Comment les ventes de la farine par marchés à cuisson semblent être, par leur extension excessive, le résultat d'un vice nouveau de ce régime puisqu'elles tendent, aussi, à augmenter le prix de la fabrication du pain;

VII. Comment les mutations réitérées du personnel de la boulangerie sont le résultat du principe de la limitation qui donne à ces fonds un surcroît de valeur vénale, et, par suite, d'un agiotage qui a présenté dans une période de douze ans, de 1847 à 1858, sur les 601 boulangeries de l'ancien Paris, le nombre élevé de 1099 mutations, dont 376 pour les six premières années et 723 pour les six dernières;

VIII. Comment, enfin, « l'autorité sans limite de « l'Administration, la soumission sans réserve des bou-« langers, dressés à cet état de dépendance ne suffisent « pas pour conjurer les inconvénients d'une situation « aussi fausse, » dans laquelle le régime réglementaire est arrivé jusqu'à interdire, par une Ordonnance de police, en date du 20 mai 1858, l'importation et l'exportation du pain, dans le département de la Seine, sous peine de saisir le pain et de déférer les contraventions devant les tribunaux, et dont « le vrai remède ne se

« trouvera, à Paris, comme à Bruxelles et à Londres,
« que dans le retour à la liberté. »

V.

En terminant sa discussion générale par la comparaison des grandes usines proposées et des petits ateliers
existants, M. Le Play démontre que l'usine Scipion,
d'après les comptes qui ont été dressés sous la direction
d'une Commission municipale, n'a point répondu à
l'attente de ses fondateurs ; et, que l'innovation de tels
établissements, en assimilant tout un quartier de Paris
à un hôpital, ou à une caserne où l'on distribue, en
temps prescrit, la ration au consommateur qui n'a pas
le droit de la choisir, aurait aussi de plus graves inconvénients au point de vue du salut public ; tandis que la
boulangerie actuelle est en quelque sorte le complément
de la cuisine domestique, et qu'elle doit être intime-
ment mêlée à la population parisienne qui recherche,
matin et soir, les nombreuses variétés de pain appro-
priées aux convenances de chaque repas et au goût de
chaque consommateur.

Passant à une discussion spéciale au point de vue de
l'application, M. Le Play fait ressortir deux méthodes
de réforme, auxquelles peuvent recourir les gouverne-
ments qui sont à la hauteur de leur tâche : l'une en
changeant, d'office, les institutions et devançant l'opinion
publique, l'autre en stimulant l'opinion attardée et
attendant l'assentiment unanime des hommes éclairés ;

Il signale les diverses opinions en France contre les

négociants détenteurs qui, en temps de cherté, ne provoquent pas la baisse du prix du blé, ce qui fait que toute personne qui intervient dans ce commerce, n'étant, naturellement, jamais disposée à suivre ce principe, elle est réputée suspecte, cupide, inhumaine et doit encourir l'animadversion publique;

Il explique l'absence de toute propension à la réforme, de la part de ceux qui ont leurs intérêts engagés, c'est-à-dire les boulangers, les meuniers, les autorités préposées au service des subsistances, et, surtout, les consommateurs qui se persuadent que le régime établi leur est avantageux;

Il indique les modifications qu'on pourrait adopter, immédiatement, dont l'une tendrait à rétablir purement et simplement le régime antérieur à 1854; enfin:

Il mentionne une difficulté organique, du régime réglementaire, qui subordonne à la taxe du pain l'allocation due aux boulangers, réclamant aujourd'hui un supplément de 2 fr. 36 c. au tarif de 1830 leur accordant 11 francs par sac de farine pour prix de fabrication, supplément qui, à raison d'un centime, environ, par kilogramme de pain, représenterait, pour le département de la Seine, une nouvelle charge annuelle de 3 300 000 francs.

M. Le Play met en évidence les motifs qui conseillent de combattre l'erreur fondamentale qui soulève, aujourd'hui, comme autrefois, d'interminables débats; qui impose au gouvernement la besogne la plus ardue et la plus stérile; qui n'a jamais satisfait les boulangers. « Et, dit M. Le Play, comme le régime réglementaire « transforme, à vrai dire, ces artisans en fonctionnaires « aidant le gouvernement à assurer le bien-être du pu- « blic, on ne peut se dispenser d'écouter leurs doléances

« continuelles tendant à prouver que ce bien-être est
« donné à leurs dépens..... Si la liberté pure et simple
« a résolu partout, à la satisfaction générale, les ques-
« tions que complique chaque jour, chez nous, le régime
« réglementaire, il semble qu'un homme d'Etat, pour
« asseoir son opinion, n'a qu'à vérifier la fécondité du
« régime que pratiquent les autres peuples ; qu'il pourrait,
« dès lors, se dispenser de discuter les considérations
« complexes que j'ai dû faire entrer dans le cadre du
« présent rapport. »

VI.

Dans un sixième et dernier chapitre, en précisant les
faits et les principes mis en lumière dans son Rapport,
et présentés sous un jour tout à fait nouveau, M. Le Play
rappelle, aussi, que chaque addition, faite au régime
réglementaire, se résume en une augmentation de prix
du pain ; qu'ainsi, en sus du prix payé par les consommateurs de Londres et de Bruxelles, la Limitation des
boulangers, la Taxe du pain, le système de Compensation,
la Caisse de la boulangerie et les Réserves réglementaires
imposent aux consommateurs parisiens une charge annuelle de 12 808 000 francs ; et que, la substitution,
des grandes usines proposées, aux petits ateliers, entraî-
nerait une nouvelle surtaxe de 6 000 000 de francs.
M. Le Play dit en résumant « le retour à la liberté, en
« matière de boulangerie, dégrèverait, surtout, la popu-
« lation en supprimant les entraves qui s'opposent, main-
« tenant, à la fabrication d'un bon pain de ménage. On

« cessorait d'interdire un produit excellent qui, dans
« l'ancien régime, était le fondement de l'alimentation
« parisienne, que la réglementation a détruit en 1802,
« que les autres capitales continuent à rechercher, que
« le gouvernement n'a pu rétablir malgré les judicieux
« efforts qu'il a faits récemment, qu'enfin beaucoup de
« praticiens et de savants s'accordent à recommander.

« Toutefois il n'y a aucune urgence et il peut y avoir
« quelque inconvénient à heurter de front les préjugés
« et les erreurs que nous a légués le passé. Entre le
« système suivi jusqu'à ce jour, consistant à imposer la
« réglementation, et celui qui imposerait désormais la
« liberté, il existe un terme moyen, convenable à tous
« égards, qui subordonnerait partout la réforme au pro-
« grès de l'opinion. Il semble donc qu'à l'avenir l'inter-
« vention du gouvernement devrait se borner à éclairer
« les municipalités et à abroger, en tout ou en partie,
« le régime réglementaire, dès que celles-ci en exprime-
« raient le désir. »

Enfin, M. Le Play termine son Rapport en concluant
qu'il n'y a pas lieu : « de compliquer l'organisation pré-
« sente de la boulangerie parisienne, et notamment de
« substituer aux petits ateliers actuels les meuneries-
« boulangeries proposées par M. le préfet de la Seine ; »
qu'il y a lieu, au contraire : « de simplifier graduelle-
« ment cette organisation et de la ramener au régime de
« droit commun, qui fonctionne, à la satisfaction géné-
« rale, dans les autres contrées de l'Europe ; » que dès
à présent, la Caisse de la boulangerie peut être liquidée
et remplacée par un équivalent plus simple, et les réserves réglementaires supprimées, en subordonnant cette
modification, cette suppression et les autres réformes à
introduire dans le régime actuel, à la demande expresse

de la Commission départementale de la Seine; et, qu'il
y a lieu : « d'abroger également, en tout ou partie, le
« régime réglementaire, sur la demande des municipa-
« lités, dans les autres villes de l'Empire.

Dans un précis restreint comme celui-ci, on ne pouvait donner que l'analyse superficielle de cet intéressant
Rapport, qui est lui-même l'analyse profonde d'un ensemble de faits importants, de renseignements instructifs,
d'opinions diverses, de vérités éparses qu'il fallait rassembler, en faire un choix, les classer et les exposer
avec clarté. L'enquête qu'il a pour base a fourni l'occasion de mettre en scène et de les recueillir une foule de
dépositions remarquables sous beaucoup de rapports;
tous les éléments intéressés dans les questions qu'on se
proposait d'étudier y ont été amplement représentés, et
ont produit des témoignages respectables dans les opinions opposées.

On sent bien que dans un ouvrage de ce genre, où le
fonds n'appartient pas au rédacteur, le mérite de l'auteur
se trouve dans la bonne méthode suivie, l'exposition
lumineuse des faits et des idées, et, l'heureux choix des
vrais principes qui doivent fixer l'attention des hommes
d'Etat. M. Le Play joint à ce rare mérite celui d'être fa-
milier du savoir, ami de la vérité qu'il démontre, indé-
pendant de toute haute influence mal renseignée, et de
conserver, dans cette même indépendance, un langage
respectueux de bon ton et une politesse exquise.

Peut-être accorde-t-on une légère attention à l'abondance de son style; mais cette abondance tient aux formes spéciales de l'art oratoire; d'ailleurs il s'agit ici
d'une question très-délicate, de haute administration,
pour laquelle M. Le Play trace, en la frayant, une route

nouvelle à suivre; et sous ce double point de vue, on ne saurait lui accorder trop d'éloges pour avoir si bien rempli la mission qui lui a été confiée : son Rapport fait honneur au Conseil d'Etat.

V. F.

OBSERVATIONS.

La question importante de la boulangerie du département de la Seine, portée devant le Conseil d'État attend en ce moment la discussion qui doit s'ouvrir sur le Rapport de M. Le Play.

En même temps que le régime réglementaire actuel qui enchaîne la boulangerie sans la régler, est vivement combattu par M. Le Play, M. Dumas, sénateur, président de la Commission municipale, dans un Rapport ayant pour titre : *Avis sur l'enquête faite au Conseil d'État*, estime qu'il y a lieu de maintenir la boulangerie en dehors du droit commun, et d'autoriser l'établissement de grandes boulangeries.

A côté de ces deux éminents rapporteurs qui ne sont point d'accord, se présentent les boulangers, peignant la détresse commerciale de leur industrie et défendant non-seulement l'organisation actuelle, mais demandant encore une réglementation plus complète pourvu, toutefois, qu'on leur accorde une augmentation de prime de cuisson qui est fixée actuellement à sept francs par quintal de farine.

Trois systèmes se trouvent donc en présence devant le Conseil d'Etat :

1° Le système de la liberté, posé en principe par M. Le Play, en simplifiant graduellement l'organisation de la boulangerie pour la ramener au régime du droit commun;

2° Le système du régime privilégié actuel, invoqué par le syndicat, en allouant aux boulangers, en nombre déterminé, un supplément de salaire rémunérateur en rapport avec leurs charges;

3. Enfin, le système tendant à substituer aux petits ateliers existants, des grands ateliers dits meuneries-boulangeries proposées par M. le Préfet de la Seine.

Les avantages et les inconvénients de ses trois systèmes sont appréciés très-complétement et très-différemment dans les Rapports de M. Le Play au Conseil d'État en 1860; dans les Notes présentées par le syndicat à M. le Ministre du Commerce, en décembre 1860; et, dans le Rapport de M. Dumas au Conseil Municipal, présenté le 26 avril 1861.

Le Syndicat de la boulanherie repousse naturellement le troisième système émanant de l'administration municipale et qui menace l'existence des boulangers établis. Depuis la publication du Rapport de M. Dumas, MM. les Syndics ont adressé à leurs confrères plusieurs Notes sur leur situation intéressante; deux de ces Notes ont pour titre : *Un dernier mot sur la boulangerie de Paris*, du 8 août 1861, et *Lettre à M. le Ministre du Commerce et de l'Agriculture. Résumé de la question de la Boulangerie*, du 17 octobre 1861; et, tout récemment, MM. les Syndics de la boulangerie de Paris ont adressé à tous leurs confrères une Note très-importante contenant le récit d'une audience qu'ils ont demandée à l'Empereur et qu'ils ont obtenue, ainsi que le texte de deux pétitions dont l'une remise à Sa Majesté par le Syndicat le 2 février dernier, et l'autre adressée à l'Empereur par les boulangers de Paris sans l'intermédiaire du syndicat, le 15 février suivant et revêtue de 962 signatures,

Dans la pétition du 2 février dernier présentée à Sa Majesté par les membres du Syndicat de la boulangerie de Paris, ces Messieurs énumèrent les trois systèmes précités en les accompagnant d'appréciations et terminent ainsi qu'il suit leur supplique au Souverain :

« En résumé, la question à résoudre est celle-ci :

« La boulangerie doit-elle être libre, ou bien doit-« elle rester organisée sur les bases actuelles ?

« Si elle est rendue à la liberté, elle devra rentrer « dans le droit commun.

« Si, au contraire, le gouvernement trouve avantage « à conserver l'organisation actuelle, il serait juste « d'allouer aux boulangers un salaire rémunérateur. »

Comme on peut le remarquer, le Syndicat s'attend à une de ces deux alternatives : ou que la boulangerie soit libre et rentre dans le droit commun ; ou que si l'on conserve l'organisation actuelle on revise la taxe dont l'insuffisance lui paraît être la première de toutes les causes de la détresse commerciale des boulangers; mais il repousse le projet de l'administration municipale qu'il expose en ces termes :

« Quant au troisième système, il est proposé par l'ad-« ministration de la Préfecture de la Seine ; il consisterait « dans le maintien de l'organisation actuelle avec création « d'un certain nombre de grands établissements. Ce sys-

« tème en hostilité avec l'instinct et l'intérêt des masses,
« est repoussé par la boulangerie. »

Le *Siècle* du 18 mars avait mentionné les démarches
des syndics de la boulangerie et exposé sommairement
d'après le texte même de la pétition syndicale les trois
systèmes proposés, lorsque dans le numéro du 19 mars
du même journal on a pu lire :

« L'administration nous fait savoir que l'énonciation
que nous avions reproduite présente son opinion d'une
manière complétement inexacte.

« Celle-ci n'a jamais proposé la création d'office de
grandes manutentions investies de privilèges ou cou-
vertes d'un patronage quelconque; encore moins a-t-elle
eu la pensée de fonder des boulangeries administratives.

« Placée entre les partisans de la liberté illimitée de
la boulangerie et les boulangers qui réclament, d'autre
part, une aggravation normale, dans leur intérêt, du
prix de taxe imposée aux consommateurs, l'administration départementale, s'est demandé si la solution du
problème ne pourrait pas être trouvée dans une réforme
des règlements en vigueur, qui permettrait désormais
le perfectionnement de la fabrication du pain et l'abaisse-
ment du prix de revient de cet aliment nécessaire.

« L'Ordonnance royale du 4 février 1815, qui limite
la vente du pain au lieu même de fabrication, interdit
indirectement toute extension des ateliers de boulangerie et empêche la substitution des procédés mécaniques
de pétrissage et autres au travail des bras de l'homme.

« C'est la suppression de cette disposition restrictive
de l'Ordonnance de 1815 que l'administration préfectorale croit suffisante pour donner satisfaction à tous les
intérêts légitimes.

« Suivant elle, cette mesure ferait entrer l'industrie

de la boulangerie dans une voie de progrès, en la plaçant en face de manutentions *privées*, dont les procédés mécaniques lui serviraient d'exemple et de stimulant.

« Il y a loin de là à l'intention qu'on prête à cette administration de vouloir établir elle-même ces grandes manutentions ou de les favoriser d'un privilége ou d'un patronage quelconque. »

D'après ce qui précède, il semble que le Syndicat soit près de sacrifier son système de privilége invoqué, au système de liberté posé par M. Le Play; de son côté l'administration préfectorale paraît désirer faire entrer l'industrie de la boulangerie dans une voie de progrès; dès lors, la décision du Conseil d'État, concilierait la majorité en adoptant les conclusions du Rapport de M. Le Play.

Le système de la liberté permettrait d'établir des manutentions nouvelles dont les procédés mécaniques serviraient d'exemple et de stimulant à l'industrie actuelle, il est probable que les partisans du progrès voyant ouvrir la voie qu'ils proposent, entreprendraient leurs essais de meuneries-boulangeries qui auraient pour premiers résultats, au moins, la diminution qu'ils annoncent dans le prix du pain; les boulangers emploieraient aussi les pétrins-mécaniques dont ils ne sont pas tant ennemis qu'on le suppose généralement; et il est certain que la boulangerie s'élèverait alors rapidement au rang des arts industriels qui ont fait tant de progrès dans leurs procédés mécaniques et scientifiques. Tandis que sous l'empire du régime réglementaire actuel, les procédés mécaniques de pétrissage ne peuvent pas être employés avantageusement par les boulangers qui disent: l'administration suppute avec une extrême précision les frais de fabrication du pain pour en établir la taxe, pourquoi

introduirions-nous dans nos ateliers le pétrissage mécanique puisque le bénéfice de ces machines ne nous pro-
fiterait pas? puis, on invoque la santé et la vie même des
ouvriers que nous employons, pourquoi serions-nous
des philantropes exceptionnels destinés à payer chèrement, sans compensation pour nous, ces instruments
hygiéniques pour l'humanité?

En résumé, ma conviction, comme ami du bien public
et mon intérêt, comme auteur d'un procédé mécanique de
pétrissage, sont en harmonie pour me ranger avec les
partisans du système de la liberté pour l'exercice de la
boulangerie professionnelle, défendu énergiquement par
M. Le Play dans son Rapport, et reconnu très-praticable
par M. Boittelle, préfet de police, avec les mesures et
les règles qu'il a tracées lui-même dans sa brillante dépo-
sition du 1er juillet 1859, devant la Commission des
Sections réunies du Commerce et de l'Intérieur du Conseil d'État.

V. F.

NOTICE

SUR LE

PÉTRIN-MÉCANIQUE-FRANÇAIS.

I.

Avantages du Pétrissage Mécanique de la Pâte pour faire le Pain,
en général.

Il serait superflu de présenter, dans cet opuscule, un
ensemble des avantages résultant de l'emploi des appareils propres à opérer, mécaniquement, le pétrissage de
la pâte pour faire le pain; il suffit de dire que les pétrins-mécaniques remédient efficacement à la malpropreté,
la pénibilité et l'insalubrité que présente la profession de
garçon boulanger; et, qu'en les appliquant généralement
dans la pratique de la panification publique, on se pla-
cerait à l'abri des coalitions fréquentes des ouvriers boulangers, et on pourrait procéder à des expériences ra-
tionnelles et concluantes sur les procédés nouveaux de

panification qui ont été brevetés, jusqu'à présent, et ceux que l'on propose journellement.

Il est incontestable que par le secours des pétrins-mécaniques on efface le tableau que présente l'ancien mode de pétrissage, et dont on pense devoir faire grâce au lecteur, en se contentant de reproduire un passage du *Manuel du Boulanger*, de l'Encyclopédie-Roret, par MM. Benoit, Julia de Fontenelle et F. Malepeyre, où il est dit : « Il est inouï, en effet, qu'un aliment de pre-- » mière nécessité pour toutes les classes de la société, « une substance qu'on consomme chaque jour, qu'on « mélange avec toutes les matières alimentaires, soit « encore aujourd'hui, dans un siècle où l'on se pique de « la recherche du bien-être, et au foyer même de la civi- « lisation actuelle, préparée d'une manière à exciter le « plus profond dégoût, quand on est témoin des mani- « pulations que sa fabrication exige actuellement.. »

Il n'est pas de travail humain plus pénible, plus fatigant, plus rude que celui de mitron pour le pétrissage de la pâte; dès qu'il a commencé cette opération, il ne peut pas l'interrompre, l'action physique des manipulations étant coordonnée avec l'action chimique de la fermentation; si la première restait en repos, cette dernière n'attendrait pas, et dans ce cas la fournée serait compromise, parce que l'ouvrier pétrisseur aurait été, ce que l'on dit en terme de pratique : *gagné par la pâte.*

On cite comme travail de la campagne le plus vigoureux, le plus pénible et le plus fatigant, celui du faucheur. On sait, en effet, que le faucheur en action développe, simultanément, tous les muscles de son corps, mais, il agit au milieu d'une prairie, dans un grand espace où l'air est chargé d'oxigène, et où il peut interrompre son opération, à volonté et sans inconvénient:

tandis que le mitron pétrisseur se trouve placé dans un espace très-restreint où règne un air chaud, saturé d'acide carbonique, et, d'ailleurs, le faucheur n'exerce son métier difficile que pendant une semaine environ, mais le mitron est voué à sa profession exténuante jusqu'à ce qu'il n'ait plus la force de l'exercer.

Il est de notoriété, dans la boulangerie, que ceux qui exercent la profession insalubre de garçons boulangers épuisent leurs forces de bonne heure, et qu'au-delà de quarante ans, il en est très-peu qui puissent continuer cette dangereuse profession ; et cependant, c'est une classe très-nombreuse dans la société, qui se met souvent en grève dans les grandes villes, et dont les coalitions inquiètent la population, portent atteinte aux intérêts des maîtres boulangers et préoccupent l'autorité administrative.

II.

Tous les Pétrins-mécaniques connus peuvent être classés en quelques Genres, au nombre de Six.

On a vu, dans les considérations qui précèdent, que plus de cent brevets d'invention ont été pris, jusqu'à-présent, en France, seulement, pour des machines à produire mécaniquement le pétrissage de la pâte pour faire le pain.

Mais, on peut remarquer, d'abord, que dans la construction de ces machines les inventeurs se sont copiés plus ou moins, les uns les autres ; que presque la moitié de ces brevets n'ont pas eu l'honneur d'être décrits dans les archives imprimées du Ministère de l'Agriculture et du Commerce ; et, ensuite, que toutes les inventions qui ont eu quelques caractères particuliers et quelque succès peuvent être classés en six genres principaux déterminés ainsi qu'il suit :

Premier genre. Les pétrins-mécaniques dont le récipient est en forme de tonneau, couché sur sa longueur, tournant sur lui-même, fermé hermétiquement.

Deuxième genre. Les pétrins-mécaniques, en forme de tonneau, couché sur sa longueur, fermé hermétiquement, dans lequel tourne un arbre transversal, armé d'engins pétrisseurs.

Troisième genre. Les pétrins-mécaniques en forme de cuvier, à ciel ouvert, tournant horizontalement sur le plat de son fond, et sur lui-même, ayant un arbre à l'intérieur, placé verticalement et armé d'engins pétrisseurs.

Quatrième genre. Les pétrins-mécaniques en forme de cuvier, à ciel ouvert, fixes, dans lequel tourne un arbre vertical armé d'engins pétrisseurs.

Cinquième genre. Les pétrins-mécaniques en forme de caisse quadrilatère, couchée en longueur, à ciel ouvert, sur les bords de laquelle roule un charriot conduisant d'un bout à l'autre, de va et vient, une espèce de moyeu armé d'engins pétrisseurs.

Sixième genre. Les pétrins-mécaniques en forme de caisse cylindrique, à ciel ouvert, couchée en longueur, avec un arbre transversal armé d'engins pétrisseurs.

C'est au premier genre qu'appartient le premier pétrin mécanique qui ait fonctionné en France, connu sous le nom de *Lambertine* dont l'auteur, J.-B. Lambert obtint, en 1811, le prix proposé par la Société d'Encouragement pour l'Industrie Nationale : c'est aussi à ce premier genre qu'appartient le pétrin Fontaine, qui fonctionnait dans la boulangerie perfectionnée de MM. Mouchot frères au Petit-Montrouge, près Paris.

Le sixième genre comprend toutes les espèces de pétrins-mécaniques qui ont eu le plus de succès et qui sont les plus récents ; c'est aussi à ce dernier genre que se rapporte le pétrin-mécanique de M. de Maupeou.

III.

L'action de tous les Pétrins-mécaniques ne produisait qu'un mélange plus ou moins complet du levain, de la farine et de l'eau, et non le pétrissage semblable à celui de l'ouvrier pétrisseur, ce que réalise le Pétrin-mécanique de M. de Maupeou.

Les nombreuses espèces de pétrins-mécaniques, classés en six genres principaux, présentent les combinaisons les plus multiples et les plus bizares pour chercher à produire le pétrissage de la pâte fait par le mitron : les uns ont imaginé des dents de rateaux, tantôt simples, tantôt se croisant pour contrarier le mouvement de la pâte ; les autres emploient des cerceaux, des espèces de lames de couteaux, des plaques carrées ou de formes diverses, fixées aux bouts de tiges rondes ou plates ; d'autres, enfin, préfèrent des rouleaux pour faire couler la pate comme dans un laminoir, ou des pétrisseurs qui ont la forme d'ailes de papillons, ou de grandes plaques disposées en hélices.

Tous ces engins sont placés, généralement, sur un arbre transversal ou en partie sur les parois internes des récipients, de manière à dessiner la vis d'Archimède; les uns et les autres ont des combinaisons plus ou moins semblables à cette disposition, soit dans toute la longueur de l'arbre transversal ou du récipient, soit seulement dans quelqu'une de leurs parties; mais ils produisent tous à peu près le même résultat, c'est-à-dire un simple mélange sans fabrication réelle de la pâte; et ce fut pour suppléer à cette lacune que M. de Maupeou inventa son nouveau pétrin dont voici la description qu'il en a donnée lui-même dans sa demande de brevet d'invention au nom de M. Angelvin, à Marseille, en 1853 :

« Jusqu'à-présent l'action de tous les pétrins-mécani-
« ques s'est bornée au mélange de la farine avec l'eau et
« le levain; aucun n'a imité le travail à la main, ce que
« réalise le nouveau pétrin par des moyens simples qui
« opèrent identiquement comme les ouvriers pétrisseurs
« de Marseille pour l'écrasage étiré de la pâte.

« L'identité du procédé avec le travail manuel des
« boulangers est telle et si puissante que vingt-cinq à
« quarante minutes suffisent pour confectionner, et met-
« tre à point, une fournée de pain fin que le meilleur
« ouvrier met deux heures à faire avec une fatigue ex-
« cessive.

« Le pétrin est un cylindre ouvert sur un tiers de son
« contour; son diamètre et sa longueur sont proportion-
» nels au poids des fournées qu'il est destiné à confec-
« tionner.

« Un arbre posé sur des coussinets traverse le cylindre
« dans toute sa longueur.

« Cet arbre est armé de deux rangs de pétrisseurs
opposés et croisés à égale distance entre eux.

« Ces pétrisseurs sont en métal ; leur forme est cylin-
« drique ; ils sont tous de même longueur, aplatis sur
« leurs bouts. Cet aplatissement a plus que la largeur
« de l'espace qui les sépare.

« Ces pétrisseurs sont courbes et forment dans les
« deux tiers de leur longueur un excentrique suivant
« l'angle de quarante-cinq degrés ; leur longueur varie,
« ces variations de dimension augmentent ou diminuent
« suivant la quantité de pâte sur laquelle le pétrin est
« destiné à opérer.

« Le levain, l'eau et la farine étant versés dans le cy-
« lindre, les pétrisseurs sont mis en travail par la ma-
« nivelle d'un double engrenage, monté sur l'arbre trans-
« versal qui porte les pétrisseurs, et l'écrasage de la
« pate en long et en large, résulte de leur forme ronde,
« courbe, excentrée, principe d'application entièrement
« nouveau dans la fabrication mécanique du pain, le-
« quel principe constitue l'invention.

« Tous les diamètres, la longueur des pétrisseurs et
« leur engrenage comme la longueur et le diamètre du
« cylindre, dépendent de la quantité et de la qualité de
« la pate que le pétrin est destiné à confectionner.

« La force d'un homme suffit sans peine au mouve-
« ment.

« La combinaison de ce pétrisseur produit en une
« minute et demie à deux minutes et demie un frasage
« complet, qu'aucun pétrin-mécanique n'a pu réaliser
« jusqu'à-présent. Ce frasage est, comme on sait, l'élé-
« ment fondamental de toute bonne confection.

« Le frasage effectué, le pétrissage commence : les pé-
« trisseurs par leur forme courbe et excentrée poussent
« la pate contre les parois du cylindre ; et comme la
« masse augmente par la poussée, en même temps que

5

« l'excentricité de la courbe réduit l'espace qui les sépare
« du cylindre, ils écrasent la farine de la pâte identique-
« ment comme l'ouvrier avec la paume de la main, d'où
« il résulte un mélange parfait.

  « Les pétrisseurs mécaniques étant mus par une force
« supérieure à celle d'un ouvrier dans le rapport de 1 à
« 62, en moyenne, produisent cette différence entre le
« travail de l'homme et le travail mécanique.

  « De plus, la forme cylindrique des tiges des pétris-
« seurs produit également le même écrasement étiré sur
« toute la longueur du pétrin ; et, comme cet effet est
« opéré par chaque pétrisseur des deux côtés, il s'opère
« un choc et un amalgame forcé entre chacun des pétris-
« seurs qui couvrent tout le pourtour du cylindre de sil-
» lons que les pétrisseurs croisés viennent écraser à leur
» tour, et sillonnent de même en long et en large, tra-
« vail répété alternativement deux fois par tour tant que
« le pétrin est en mouvement. »

  La suite de la description comprend les différentes
pièces composant le pétrin mécanique, les dimen-
sions et les mesures détaillées nécessaires pour le con-
struire.

IV.

Tous les Pétrins-mécaniques présentent, à peu près, la même
difficulté pour leur Nettoyage après le Pétrissage de la Pâte.

  La plus grande difficulté que l'on n'a pu éviter jusqu'à
présent dans les pétrins-mécaniques de tous genres, con-

siste dans le nettoyage du récipient et des engins après
le pétrissage de la pâte, et, c'est ce qui ne les rendait
véritablement praticables que pour les manutentions en
grand, où il faut continuellement occuper le pétrin sans
qu'il soit nécessaire de le nettoyer après chaque fournée
- comme pour le repos,

On conçoit bien que ce nettoyage opéré en même
temps que le retrait de la pâte pour la façonner dans un
pétrin ordinaire, est d'autant plus long, plus difficile,
plus pénible que le pétrin-mécanique présente plus de
complication par ses engins, soit dans leurs formes plus
ou moins anguleuses en saillie ou en profondeur, soit
dans l'étendue de surface qui retient la pâte adhérente
par sa viscosité.

Dans une grande boulangerie où on prépare les levains
pour des fournées successives, l'instrument pétrisseur de
la pâte n'a pas besoin d'être nettoyé complètement :
après une première fournée on en retire cette dernière
en gros, seulement, les parties qui en sont attachées au
récipient et aux engins pouvant rester pour faire partie
intégrante de la fournée suivante, et ainsi de suite, sans
interruption jour et nuit. Mais, dans une petite boulangerie qui ne fournit que quelques fournées, il faut né-
cessairement nettoyer le mécanisme après la dernière
opération du pétrissage.

C'est cette difficulté qui rebute le plus les ouvriers
boulangers qui sont habitués à un travail excessivement
fatiguant, mais dont ils ont la routine et qu'ils opèrent
avec une liberté absolue de leurs moyens d'action puisqu'ils sont presque toujours nus pour le faire. Si ce n'est
pas cette difficulté qui répugne le plus aux geindres,
c'est au moins le prétexte qu'ils emploient pour faire
une forte opposition à la mise en pratique des pétrins

mécaniques qu'ils regardent du même œil que les pos-
tillons ont accueilli les chemins de fer.

V.

Presque tous les Pétrins-mécaniques n'ont été, jusqu'à présent, que
des Instruments-Pétrisseurs.

Les pétrins mécaniques inventés jusqu'à présent, ont
un inconvénient commun à presque tous et qui résulte
de ce que ces machines ne sont que des instruments de
pétrissage, n'ayant du pétrin que le nom puisqu'il faut
toujours avoir, à côté, un pétrin ordinaire pour y pré-
parer les levains et y rapporter la pâte, après le pétrissage mécanique, pour la tourner et la façonner. Il n'y a
guère d'exception que pour les pétrins-mécaniques du
cinquième genre (v. p. 62) auxquels on peut donner
une longueur suffisante, de manière qu'en laissant les
engins en repos occupant une place dans le pétrin, il
reste encore une capacité convenable pour pouvoir y
façonner la pâte ; mais, on conçoit, alors, que ce pétrin
d'une grande dimension devient aussi embarrassant pour
son placement que deux pétrins ordinaires.

Les pétrins-mécaniques qui appartiennent à ce *cinquième genre* sont néanmoins peu nombreux quoiqu'en
réalité ils pourraient être d'une pratique plus facile que
ceux des quatre premiers genres. Le mécanisme qu'ils
exigent est très-compliqué et très-embarrassant, le charriot qui conduit les engins doit prendre son appui sur
les bords ou tout près des bords en longueur du pétrin,

au moyen de pièces mécaniques gênantes pour l'ouvrier qui doit s'en approcher; ces inconvénients alliés à un entretien minutieux ne sont pas compensés, à beaucoup près, par le bénéfice d'un nettoyage facile.

VI.

Perfectionnement principal apporté au Pétrin de M. de Maupeou, sous la dénomination de *Pétrin-Mécanique-Français*.

Un perfectionnement important applicable à presque tous les pétrins-mécaniques du *sixième genre* (v. p. 62) a été apporté à celui de M. de Meaupeou de préférence à tous ceux que l'on pouvait choisir et qui étaient dans le domaine public, à cause de la supériorité incontestable de son travail du pétrissage et de sa grande simplification dans son mécanisme.

On a vu (p. 64) la description de ce pétrin faite par l'auteur lui-même dans sa demande de brevet d'invention en 1853; et, sept années plus tard, en 1860, M. de Maupeou écrivait à titre de renseignements :

« Vous me demandez les renseignements et bases de
« mon opération du pétrin..... soixante brevets de
« pétrins-mécaniques subsistent, dont trente français et
« trente anglais; tous n'ont fonctionné que pour leurs
« auteurs comme celui de M. Boland, faisant du pain
« moins beau que celui fait à la main, par la raison
« qu'aucun ne donnait de fabrication à la pâte; ayant
« apprécié ce fait, je pris une connaissance approfondie

« de sa cause et je reconnus que la confection de la
« pâte par tous les pétrins manquait de fabrication, né-
« cessité absolue. Je cherchai, alors, les moyens de la
« produire; j'y trouvai les plus grandes difficultés, tous
« mes devanciers y ayant échoué. Mais, avec une longue
« persévérance et beaucoup d'argent perdu en vains
« essais, je parvins à réaliser, à volonté, le besoin de la
« panification, et mon pétrin a travaillé avec succès pen-
« dant deux ans et demi dans six boulangeries, faisant,
« dans celles dont les chefs connaissaient bien leur mé-
« tier, de plus beau pain qu'à la main, et cela sans va-
« riation sans aucune des dégoûtantes et repoussantes
« malpropretés de la fabrication faite par des hommes
« nus, qu'il est inutile de détailler..... »

Malgré cette supériorité bien constatée dans le travail
de la pâte, et la grande simplification dans son mécanisme, le pétrin de M. de Maupeou n'en était pas moins
placé au rang de tous les pétrins-mécaniques du même
genre qui nécessitent, comme tous les autres, un pétrin
ordinaire, à côté, pour y façonner la pâte et qui présentent la difficulté de leur nettoyage.

Il s'agissait donc de remédier à ces deux graves inconvénients, et c'est ce qui a fait l'objet de perfectionnements et additions aux pétrins-mécaniques, en général,
qui ont les organes pétrisseurs fixés à un arbre transversal, et adaptés spécialement à celui de M. de Maupeou, pour lesquels il a été pris un brevet d'invention
sous la dénomination de *Pétrin-Mécanique-Français.*

Le perfectionnement principal consiste en un mécanisme simple au moyen duquel on dégage complètement,
et à volonté, le cylindre ou récipient, de son arbre transversal, armé de ses engins pétrisseurs présentant ainsi
à la disposition du mitron, un pétrin de dimension ordi-

naire, dans lequel il peut faire, lui-même, le pétrissage
à bras et toutes les autres opérations de la panification
qui peuvent ou doivent s'effectuer dans la *huche, maie*
ou *pétrin*. C'est ce mouvement que l'on peut imprimer à
volonté à l'arbre transversal armé de ses organes pétrisseurs, avec son moyen, principe d'application entièrement nouveau, dans la fabrication mécanique du pain
de toute espèce, qui constitue spécialement l'invention
du *Pétrin-Mécanique-Français* et pour lequel M. de Maupeou a fait en vain de grandes recherches, de grandes
dépenses en mettant à l'œuvre, dans ce but, les mécani-
ciens de Paris et de Marseille.

VII.

Racloire extérieur, droite, agissant sur les pétrisseurs du *Pétrin-
Mécanique-Français.*

La disposition des pétrisseurs fixés à l'arbre transversal dans le pétrin Maupeou, permettait de placer une
râcloire coupant la pâte dès qu'elle prend du corps pour
la détacher et la faire retomber dans le pétrin pendant
l'opération. M. de Maupeou a cherché pendant plus de
deux ans une application convenable d'une telle râcloire.
Celle qu'il employait, dans le principe, et qui consistait
en une légère bande de fer, avait été modifiée en augmentation de poids énorme, de sorte qu'en retombant
quand elle parvenait à l'extrémité des pétrisseurs qu'elle
devait râcler, elle produisait une commotion et un ébran-
lement insupportables, à tel point que les boulangers

préféraient ne pas s'en servir. Cette addition avait cependant son utilité pour éviter à l'ouvrier une partie du soin de détacher la pâte des pétrisseurs mis en mouvement.

Cette râcloire fonctionne dans le *Pétrin-Mécanique-Français*, sans tomber et sans produire le moindre bruit et sa disposition a permis de lui donner un poids très-restreint. Elle est maintenue au-dessus des pétrisseurs au moyen de montants placés à chaque extrémité du cylindre; ces montants sont traversés dans leur épaisseur par des coulisses, ou guides dans lesquels passent les bouts de la râcloire, de manière qu'elle puisse monter et descendre dans sa position. Lorsque la courbe excentrée des pétrisseurs, mis en mouvement, arrive au point voulu, ils rencontrent cette râcloire qui était supportée par des excentriques, à course variée, montés sur l'arbre transversal, et, quand les bouts extrêmes des pétrisseurs du même rang sont arrivés au point voulu, la râcloire abandonne ces derniers, à leur extrémité, et reprend son appui sur les deux excentriques, qui sont parallèles, et dont les profils s'accordent de manière à former une voie à deux rails qui viennent s'ajuster dans la gorge d'une roulette à rebords qu'elle porte à chacun de ses bouts. Cette râcloire est tenue en repos, à volonté, hors du contact des pétrisseurs et des excentriques.

VIII.

Racloire intérieur, hélicoïde, agissant sur la face interne du *Pétrin-Mécanique-Français.*

Une addition beaucoup plus importante que celle qui précède était aussi possible : c'est celle d'une râcloire intérieure, agissant sur la face interne du cylindre ayant pour but et pour résultat de produire la *contre-frase* (v. p. 23). L'opération de la *contre-frase* est nécessaire pour rassembler, à la masse de la pâte, toutes les parties qui resteraient adhérentes aux parois du pétrin malgré les manipulations du geindre ou les opérations du pétrissage mécanique, et qui ne participant pas assez au travail, empêcheraient l'homogénéité complète de toute la pâte.

Cette râcloire appliquée au *Pétrin-Mécanique-Français* est double, elle consiste en deux bandes de fer, mobiles, courbées sur leur plat, en hélice, coudées, sur champ à angle droit. Chaque bande est fixée à l'arbre transversal au moyen de branches directes ou de tiges attachées aux pétrisseurs, de manière à pouvoir porter, par son côté aminci en lame de couteau, sur la face interne, dans la longueur et d'un côté du cylindre, et y exercer son action après le passage de chaque rangée de pétrisseurs. Cette râcloire détache la pâte adhérente à la paroi interne du cylindre; l'une de ses bandes reporte la pâte râclée de droite à gauche en partant du côté où se trouve le coude à angle droit, et l'autre bande produit

le même résultat de gauche à droite. Ces deux parties
de râcloire sont placées, et agissent, entre des points
déterminés de manière à éviter l'atteinte de la râcloire
extérieure des pétrisseurs qui se trouve, alors, soutenue,
à son maximum d'élévation, par les excentriques dont
les arcs les plus éloignés du centre se trouvent aussi
entre les mêmes points déterminés à cet effet.

On comprend que l'action de cette râcloire intérieure
est très-précieuse parce qu'elle *rassemble* constamment
la pâte pour l'engager dans le mouvement général du
pétrissage de la fournée; cette addition explique aussi
la promptitude de la bonne fabrication donnée à la pâte
par le *Pétrin-Mécanique-Français*.

IX.

Plateau pour façonner la pâte dans le *Pétrin-Mécanique-Français*.

La façon de la pâte, après qu'elle est pétrie, varie
selon les localités; c'est un travail qui demande beaucoup d'adresse et d'agilité; car, un pain bien façonné,
fût-il de qualité inférieure, prévient favorablement. Le
Pétrin-Mécanique-Français ayant le fond cylindrique
laissait une lacune pour y façonner la pâte selon toutes
les exigences; quoique l'ouvrier intelligent sache fort
bien tourner sa pâte sur ce fond cylindrique, on a pourvu
à un fond plat, portatif et qui consiste en un plateau
parallélogramme, mobile, en bois ou en métal, d'une
largeur et d'une longueur convenables, avec un rebord sur

ses côtés pour le cas où on *tourne la pâte sur eau*, ayant,
à l'un de ses bouts, et dans toute sa largeur, une plaque
de même matière qui lui est jointe à angle droit. Cette
plaque, vue de face, représente la figure d'un arc de
cercle qui a pour corde la largeur du plateau; sa courbe
est profilée de manière à pouvoir coïncider avec la face
interne du cylindre qu'elle divise, en deux comparti-
ments, si besoin est, variables à volonté. Cette plaque
étant posée, ainsi verticalement, dans le cylindre, où
elle forme, momentanément, séparation et pouvant
maintenir les levains ou la pâte, on conçoit que le plateau, auquel elle est unie, se trouve en même temps
dans une position horizontale, et forme, dans le cylindre,
un fond plat sur lequel on peut façonner la pâte comme
dans un pétrin ordinaire.

X.

Avantages du *Pétrin-Mécanique-Français*.

Le *Pétrin-Mécanique-Français*, résultat d'une étude
sérieuse et d'une très-longue expérience pratique, consiste en un pétrin ordinaire à fond cylindrique, dans lequel on peut faire subir aux levains, leurs préparations
et les différentes phases de la fermentation, et y laisser,
aussi, en *fontaine*, le troisième levain, dit *levain de tout
point*, attendre le pétrissage mécanique, qui s'opère en
imitant le travail à la main des ouvriers pétrisseurs qui
écrasent et étirent la pâte.

Après le pétrissage, le *Pétrin-Mécanique-Français* peut être dégagé de son mécanisme, avec une manivelle qu'un enfant peut faire agir, en y laissant la pâte à la disposition du geindre qui peut la *tourner* et la *façonner* avec toute liberté et avec la même aisance que dans tout autre pétrin ordinaire.

La grande facilité avec laquelle on peut dégager le cylindre, de tout son mécanisme intérieur, ou l'y replacer à volonté, constitue un avantage considérable qui s'allie à l'excellence du pétrissage de la pâte, puisque l'on peut, ainsi, transformer le *Pétrin-Mécanique-Français*, en un pétrin à bras, ordinaire, et le maintenir dans cette disposition quand quelques pièces se trouveraient hors de service ou viendraient à manquer tout à coup.

Au moment d'exécuter ce dégagement, on procède au nettoyage qui est la chose la plus facile et la plus simple que l'on puisse désirer, et qui se fait à peu près comme le geindre le fait pour ses bras et ses doigts sans qu'il y ait plus de gène ni plus de danger ; car, on a eu soin, dans la construction du *Pétrin-Mécanique-Français*, pour cette partie importante des engins pétrisseurs, d'éviter les angles, les pointes, les cavités, les faces contournés etc., afin de pouvoir passer les mains sur des parties cylindriques et des formes arrondies.

Avec le *Pétrin-Mécanique-Français*, on n'a pas eu la prétention *de tout faire et de le rendre propre à tous les services,* on a eu seulement en vue *un bon pétrissage* de la pâte, de toute nature : ce qu'il réalise supérieurement et incontestablement.

Presque tous les autres pétrins-mécaniques fonctionnent passablement avec les pâtes *douces* et même *bâtardes ;* mais, avec les pâtes fermes, ils ne produisent qu'un pétrissage très-médiocre, et très-long.

Le *Pétrin-Mécanique-Français*, pétrit la *pâte dure* pour le biscuit de mer; en 20 ou 25 minutes, selon la qualité de la farine, il pétrit la *pâte ferme* pour le pain marseillais qui exige le travail le plus pénible de toute la boulangerie européenne; et, en 15 ou 20 minutes, il donne à *la pâte mi-ferme* ou *bâtarde*, la préparation et l'élasticité convenable, et à la *pâte douce*, toute la viscosité et la légèreté nécessaires pour faire un beau pain et agréable au goût.

Et conséquemment, le *Pétrin-Mécanique-Français*, outre qu'il opère très-facilement, très-rapidement et parfaitement bien le *frasage*, répond au vœu, qu'exprimait la Société d'Encouragement pour l'Industrie Nationale quand elle proposait un prix : *Pour une machine ou des machines qui, prenant la pâte après qu'elle est frasée, l'amènent avec les soins des ouvriers pétrisseurs, mais sans efforts pénibles de leur part, à l'état le plus parfait de pâte ferme, bâtarde ou molle à volonté.*

VICTOR FRICK.

TABLE DES MATIÈRES

FIN DE LA TABLE DES MATIÈRES.

OUVRAGES DU MÊME AUTEUR

En Vente

Notice sur le Pétrin-Mécanique-Français

brochure in-8, 1862. . . . .

Pour paraître prochainement

Le Pain de Boulangeries et le Pain de M.

ou Panification publique et privée en France et à l'étranger

PARIS. — TYP. GAITTET, RUE GIT-LE-CŒUR, 7.

www.ingramcontent.com/pod-product-compliance
Lightning Source LLC
Chambersburg PA
CBHW050623210326
41521CB00008B/1368